U0342291

国家自然科学基金重点项目（51434003）
国家自然科学基金青年项目（51804211）
山西省应用基础研究计划项目（201901D211037）

采动卸荷煤岩力学特性及渗透率演化规律研究

李文璞　尹光志　李铭辉　张东明　著

北　京

冶 金 工 业 出 版 社

2020

内 容 提 要

本书对不同采动卸荷应力路径下煤岩体的力学特性、渗透率变化规律及含瓦斯煤岩体破断过程中的应力场、裂隙场、瓦斯流动场的耦合问题进行深入系统研究。详细介绍了受开采扰动影响的煤岩层力学特性及渗透率演化规律的研究成果，进行了采动应力场中卸荷条件下含瓦斯煤的力学与渗流特性试验，以及对不同开采条件下含瓦斯煤及不含瓦斯煤的力学与渗流特性试验，对真三轴应力状态下大尺度煤岩在常规加载及不同开采条件下的力学与渗流特性进行研究，建立了基于有效应力的含瓦斯煤渗透率模型。

本书可供采矿工程、安全科学与工程、岩土工程等相关领域的科研人员、高等院校相关专业师生阅读参考。

图书在版编目（CIP）数据

采动卸荷煤岩力学特性及渗透率演化规律研究/李文璞等著. —

北京：冶金工业出版社，2020.8

ISBN 978-7-5024-5664-1

Ⅰ. ①采… Ⅱ. ①李… Ⅲ. ①煤岩—力学性质—研究

Ⅳ. ①TD326

中国版本图书馆 CIP 数据核字（2020）第 181430 号

出 版 人 苏长永

地 址 北京市东城区嵩祝院北巷 39 号 邮编 100009 电话 （010）64027926

网 址 www.cnmip.com.cn 电子信箱 yjcbs@cnmip.com.cn

责任编辑 曾 媛 美术编辑 郑小利 版式设计 禹 蕊

责任校对 李 娜 责任印制 李玉山

ISBN 978-7-5024-5664-1

冶金工业出版社出版发行；各地新华书店经销；三河市双峰印刷装订有限公司印刷

2020 年 8 月第 1 版，2020 年 8 月第 1 次印刷

169mm×239mm；6.75 印张；109 千字；98 页

49.00 元

冶金工业出版社 投稿电话 （010）64027932 投稿信箱 tougao@cnmip.com.cn

冶金工业出版社营销中心 电话 （010）64044283 传真 （010）64027893

冶金工业出版社天猫旗舰店 yjgycbs.tmall.com

（本书如有印装质量问题，本社营销中心负责退换）

前　言

　　煤炭在今后一段时期仍将是我国的主体能源。瓦斯（煤层气）作为煤层的伴生产物，也是一种不可再生的清洁能源，将在我国能源结构中扮演越来越重要的角色。《能源发展"十三五"规划》中提到"推进煤矿区瓦斯规模化抽采利用"，且在"能源科技创新重点任务"的"关键技术"中提到要集中攻关"非常规油气精确勘探和高效开发"。《煤层气"十三五"规划》中提到"以煤层气产业化基地和煤矿瓦斯抽采规模化矿区建设为重点，推动煤层气产业持续、健康、快速发展"。但是，随着开采强度的不断加大，浅部煤炭资源日益减少，国内外煤矿都相继进入深部资源开采状态。随着开采深度的增加，地应力增大、地温升高、瓦斯压力增大，瓦斯在煤层中的渗透能力降低，导致煤与瓦斯突出、突水以及采空区失稳等重大事故的增加以及灾害的频发。因此，实现煤与瓦斯共采，不仅是缓解和消除瓦斯灾害的需要，更是资源利用和环境保护、可持续发展的迫切要求。

　　在煤与瓦斯共采过程中，煤岩层受到开采扰动影响，工作面前方煤岩体经历了从原岩应力、垂直应力升高而水平应力降低到卸载破坏的完整过程。其采动卸荷应力路径表现为轴向应力增加的同时围压减小到破坏失稳的过程，即轴向加载和径向卸载的综合过程。当采动应力状态发生改变，最直接的影响是引起煤岩层的变形甚至失稳破坏，而且在不同的位置应力分布不同，其围岩的变形也不同，产生的节理、裂隙均不同，对巷道围岩的支护等有重大影响。当煤岩层发生变形后，煤岩层内部的孔隙裂隙结构发生变化，使得瓦斯在煤岩层中的流通通道随之改变，导致瓦斯在煤岩层中的渗透能力发生变化。因此，需要对煤与瓦斯共采过程中采动卸荷条件下煤岩力学特性及渗透率演化规律进行深入研究。

本书的研究工作是在国家自然科学基金重点项目（51434003）、国家自然科学基金青年项目（51804211）和山西省应用基础研究计划项目（201901D211037）等科研项目的资助下完成的。研究内容以煤与瓦斯共采为背景，采动卸荷影响下煤岩的力学行为表现为轴向应力加载和围压卸载的共同作用。采用"含瓦斯煤热流固耦合三轴伺服渗流实验装置"，进行了采动应力场中不同卸荷条件下含瓦斯煤的力学特性及渗流特性试验研究，得到了煤岩的承载强度与不同卸荷条件的关系、煤样渗透率与应变的关系，并分析卸荷条件下煤岩的能量演化规律。根据煤岩体采动力学应力条件，运用"多场多相耦合下多孔介质压裂-渗流实验系统"，对无煤柱开采、放顶煤开采、保护层开采三种开采条件下含瓦斯煤及不含瓦斯煤的力学及渗流特性进行试验研究，揭示了采动卸荷条件下煤岩渗透率演化规律。利用"多场耦合煤矿动力灾害大型模拟试验系统"，对真三轴应力状态下大尺度煤岩在常规加载及不同开采条件下的力学及渗流特性进行研究。在试验研究基础上，考虑瓦斯力学作用及瓦斯吸附作用双重效应对有效应力系数的影响，提出了基于有效应力的渗透率计算模型，并对其进行验证。希望本书内容能为煤与瓦斯共采基础理论与工程实践提供支撑。

本书在撰写过程中，首先要感谢已故恩师尹光志教授一直以来对我的谆谆教诲和悉心指导，他生前在煤矿动力灾害及其防治、煤与瓦斯共采和矿山岩石力学等研究领域倾注了大量的心血，谨以此书告慰恩师，决心秉承遗志，砥砺前行。感谢团队309实验室所有同仁的帮助与支持，感谢相关参考文献的作者、专家，在此一并表示衷心的感谢。

由于作者水平所限，书中不足疏误之处在所难免，敬请各位专家、学者严加斧正！

李文璞

于太原理工大学

2020 年 6 月 12 日

目　录

1 绪 论

1.1 概述

煤炭在我国能源结构中占主体地位，在我国一次能源生产和消费结构中的比重分别占 76% 和 69%，且在当前及今后相当长的时期内煤炭仍将作为我国的主导能源。但是，我国 92% 的煤炭生产是井工开采，井下平均开采深度近 500m，而且目前还以每年 20m 的速度向下延伸，井下煤层赋存环境及开采条件复杂，煤层瓦斯含量普遍较高，其中 50% 以上的煤层为高瓦斯煤层，高突矿井占全国矿井总数的 44%。同时，煤矿瓦斯事故的致死率长期居高不下。随着对能源需求量的增加和开采强度的不断加大，浅部资源日益减少，国内外矿山都相继进入深部资源开采状态。随着开采深度的增加，地应力增大、地温升高、瓦斯压力增大，瓦斯在煤层中的渗透能力越低，导致煤与瓦斯突出、冲击地压等重大事故的增加以及煤岩动力灾害的频发。

当深部矿井煤层进行开采时，处于高地应力状态的煤层受到采动影响会发生应力重新分布并造成局部应力集中，同时开挖煤层提供了变形释放需要的空间和时间。煤层的开挖过程属于加载和卸载共同作用的复杂过程，体现在平行于工作面推进的方向卸载而垂直于工作面推进的方向加载，即轴向加载和径向卸载的综合过程。开挖导致工作面围压的卸载引起煤体扩张变形的大小，是导致煤体变形失稳和破坏的主要因素，也是采煤工作面巷道支护的关键因素；开采方式的不同反映了开挖过程中不同的加卸荷应力路径，引起煤岩体不同的变形，影响巷道支护措施的效果。另外，不同的加卸荷应力路径引起煤岩体不同的变形导致瓦斯在煤体中的渗透能力发生变化，由此确定钻孔、钻场和专用瓦斯巷的布置进而影响钻孔瓦斯抽采的效果。

因此，对不同采动卸荷应力路径下煤岩体的力学特性、渗透率变化规律及含瓦斯煤岩体破断过程中的应力场、裂隙场、瓦斯流动场的耦合问题进行深入系统研究，对于煤与瓦斯的安全高效开采具有重要的理论和实际意义。

1.2 国内外研究现状

采动应力影响下煤岩的应力路径表现为轴向应力加载和围压卸载的共同作用，即不同的加卸荷应力路径。不同采动卸荷条件下含瓦斯煤力学特性与渗透率规律研究主要分为三部分：不同加卸荷应力路径下岩石力学特性的研究、含瓦斯煤的力学特性研究和含瓦斯煤的渗流特性研究。

1.2.1 不同加卸荷应力路径下岩石力学特性的研究现状

目前，国内外对不同加卸荷应力路径下岩石力学特性的研究成果主要有：

Jaeger[1]系统地分析了岩石在卸荷应力路径下的力学特性。Hua Anzeng 等[2]进行了大理岩、粉砂岩和煤岩的卸围压试验研究，试验结果表明，岩石在侧向应力降低过程中由于应变能的释放而发生破坏，表现为卸载方向强烈的扩容变形。Xie H Q 等[3]对角闪斜长片麻岩和黑云花岗片麻岩进行了加卸荷试验研究，卸载岩体主要发生拉裂损伤破坏和剪切损伤破坏两种形式，体积应变从加载变形转为扩容。He M C 等[4]进行了真三轴卸荷条件下石灰岩的岩石破裂过程以及声发射特性的研究。吴刚等[7]通过对加卸荷应力状态下岩石类材料声发射变化的比较，探讨岩石类材料破坏过程中的声发射现象。陈卫忠等[9,10]开展了脆性花岗岩常规三轴、不同卸载速率条件下峰前、峰后三轴卸围压试验，研究了岩石破坏的全过程并进行了声发射特征分析。周小平等[11]通过卸荷条件下岩石的全过程应力-应变关系的理论和试验研究发现岩石卸荷破坏应力比连续加载破坏时小，变形比连续加载时大。黄润秋等[12-14]通过大理岩的室内三轴卸荷试验和破裂断口的 SEM 细观扫描分析，研究高应力环境中不同卸荷速率下变形破裂及强度特征。黄达等[15-17]基于 2 种卸荷应力路径和常规三轴压缩试验，研究了加卸荷条件下花岗岩的变形破坏及应力脆性跌落特征、岩石破裂块度分布规律及其与能量耗散和释放的相关性。

李志敬等[21]开展了高围压、无水压峰前卸荷，高围压、无水压峰后卸荷及高围压、高水压峰前卸荷三种工况下锦屏岩石的三轴压缩对比试验。夏才初等[22]开展了含节理岩石试件在主应力差卸载路径下的变形特性试验。陈忠辉等[23]建立了简明的岩石三维各向同性损伤模型及弹脆性本构方程，探讨了岩石试样的应力-应变全过程特征、损伤演化规律、卸荷破坏下强度及脆化特征。向天兵等[24]利用真三轴试验进行验证，系统研究了单结构面岩石试样在模拟工程岩体开挖卸荷与支护应力路径下的力学行为、结构控制规律及声发射（AE）特征等。张黎明等[25,26]对岩样进行了常规三轴加载后保持轴向变形不变的卸围压试验，研究卸荷应力路径对其力学性质的影响。纪洪广等[27]通过在不同应力水平下对岩石试样的加载-卸荷实验，对岩石试件在不同应力状态下受到"加载-卸荷"扰动时的声发射特征进行了试验研究。邱士利等[28]进行不同卸荷速率下三轴卸围压试验，研究了扩容过程的演化规律和强度特征的差异。高春玉等[29]利用锦屏一级水电站坝址区工程边坡的大理岩进行了系列加卸荷试验，揭示了大理岩在加卸荷条件下的变形特征差异和参数变化，并推导了大理岩的损伤演化方程。

尤明庆[30]通过伺服试验机对岩样进行了多种路径的加载、卸载试验，分析岩样轴向应变、环向变形与轴向应力、围压之间的关系。左建平等[31]通过 MTS 815 试验机研究了煤岩组合体分级加卸荷试验，分级加卸荷下煤岩组合体破坏以脆性破坏机制为主。彭瑞东等[32]通过对加卸荷过程中试验系统及岩石能量变化的分析，详细研究了试验系统弹性储能对岩石变形测量的影响。刘建锋等[33]对两组红层泥质粉砂岩在 MTS815 Flex Test GT 岩石力学试验系统上进行单轴 4 级循环加卸荷试验，得到两组泥质粉砂岩的平均动弹性模量和阻尼比与动应变的相关表达式。Wu F Q 等[34]对岩石坝基在开挖卸荷条件下的破坏现象开展了研究。许国安等[35]采用 MTS815 刚性伺服试验机，对砂岩进行了单轴、三轴压缩和三轴峰后卸围压试验，对比研究了砂岩在加卸荷试验条件下的能耗特征，阐述了三者之间的能耗关系。苏承东等[36]基于在伺服试验机上对不同晶粒大理岩样进行单轴循环加卸荷试验，研究了岩石的变形与强度特征。谢红强等[37]通过加载和卸载两种力学状态的全过程应力-应变试验，揭示了岩体在加卸荷时变形特性的差异，并结合试验结果，引入损伤力学概念，推导不同岩性岩石的损伤演化方程。朱泽奇等[38]在分析试验机与岩样之间能量交换的基础上，综合分析岩样卸围压破坏过程的能量耗散规律，以及能量与岩样变形、围压之间的关系。王金安等[39]研究现场综放工作面开采速率对工作面围岩应力重新分布和变形破坏的影响。

1.2.2　含瓦斯煤的力学特性研究现状

　　梁冰等[40]进行了瓦斯对煤的力学性质和力学响应的研究。何学秋等[41]开展了孔隙气体对煤体变形及蚀损作用机理的研究，得出含瓦斯煤发生变形与强度降低是游离瓦斯和吸附瓦斯共同作用的结果。林柏泉[42]进行了煤样吸附解吸和力学实验，得出随着充气压力的提高，煤体产生膨胀变形随着变形值逐渐增加，增长的速度变缓，且趋近于某一定值。姜耀东等[43]以混合物理论 Truesdell 公式为基础，认为含瓦斯煤是由固相煤、游离瓦斯和吸附瓦斯组成的饱和混合物，采用理论推导的方法构建含瓦斯煤的本构方程。姚宇平、周世宁等[44]进行了含瓦斯煤岩体的力学实验，煤中的孔隙压力越高，侧压越小，它的强度越低。冯增朝等[45]通过大煤样的瓦斯排放试验研究，揭示了顺序加载与逆序加载下的煤体变形与瓦斯排放时间的相关性。

　　尹光志、张东明等[46]进行了含瓦斯煤蠕变实验并对其理论模型研究。尹光志、赵洪宝等[47,48]在含瓦斯煤岩三轴蠕变特性试验的基础上，分析其本构关系。尹光志、王登科等[49,50]开展了两种含瓦斯煤样（型煤和原煤）变形特性与抗压强度的实验，对比得到两种含瓦斯煤样的变形特性和抗压强度的变化规律是一样的，并建立三轴压缩下含瓦斯煤岩弹塑性损伤耦合本构模型。王维忠等[51]对三轴压缩条件下突出煤的黏弹塑性蠕变模型进行了研究。李小双等[52]进行了含瓦斯突出煤三轴压缩下力学性质试验研究。

1.2.3　含瓦斯煤的渗流特性研究现状

　　Harpalani S 等[53]研究了煤的裂隙孔隙改变对瓦斯运移的影响。George J D S[54]研究了瓦斯解吸煤基质收缩与有效应力变化的关系。Hu G 等[55]考虑科林贝尔效应建立了煤层深部开采煤层瓦斯渗流方程，得到了在地应力和地热温度场的煤层气渗透性。Zhu W C 等[56]研究了气体在煤层中解吸与克氏效应对气体流动和变形过程耦合的影响。Liu J 等[57]对气体吸附引起煤渗透率的变化进行了研究。Yin Guangzhi 等[58]进行了地应力场中含水率对煤层气渗透率的试验研究。Connell L D 等[59]对煤层气生产过程中渗流和地质应力耦合进行了研究。Gash B W[60]和 Paterson L 等[61]研究了煤芯的孔隙度、绝对渗透率和气水相对渗透率的测定。梁冰等[62]利用变形场、渗流场、温度场耦合原理，建立了非等温情况下煤与瓦斯耦合作用的数学模型。聂百胜等[63]建立了煤层瓦斯真三轴测试实验系统，并研究了真三轴应力作用下煤体的渗流规律。李祥春等[64]对比了考虑吸附膨胀应力和未考虑吸附膨胀应力的流-固耦合模型计算的压力。

尹光志等[65-67]利用自行研制的"含瓦斯煤热流固耦合三轴伺服渗流实验装置"，进行了不同围压和不同瓦斯压力条件下突出煤的常规加载和含瓦斯煤的卸围压试验，分析了瓦斯压力对突出煤与卸荷原煤渗透率的影响。张东明等[68]利用自主研发的三轴瓦斯渗流系统对型煤进行了一系列实验，得出瓦斯在不同围压下的渗流系数。许江等[69,70]利用自主研发的含瓦斯煤热流固耦合三轴伺服渗流装置，研究了煤样在三轴应力条件不同温度与蠕变对渗透率的影响。王宏图等[71]采用三轴渗流实验装置和电场实施装置研究了电场作用对煤中甲烷气体渗流性质的影响。赵阳升等[72]提出了孔隙、裂隙介质愈渗研究方法，针对煤体中瓦斯赋存与渗流问题，通过数值试验研究揭示了连通团个数、最大连通团孔隙比随孔隙率和裂隙分形维数的变化规律。李志强等[73]进行了不同应力、不同温度条件下的煤体渗流实验，得出不同有效应力条件下煤体渗透率与温度的关系。胡国忠等[74]根据低渗透煤体的瓦斯渗流特性，确定了煤体渗透率的动态变化模型，推导了低渗透煤与瓦斯的固-气动态耦合模型。谢和平等[75]推导了四种增透率的理论表达式，并对工程实例进行数值分析，定量描述了开采过程中覆岩和煤层中增透率的分布和演化。程远平等[76]利用渗透率理论模型对深部煤层渗透率的变化进行了探讨，开展了煤体卸荷渗透率试验研究，分析了卸荷煤岩的渗透率演化规律。李树刚等[77]以数控瞬态渗透法进行了全应力应变过程的软煤样渗透特性试验，得出煤样渗透性与主应力差、轴应变、体积应变关系曲线。祝捷等[78]进行了不同气体压力作用下煤样的瓦斯渗流实验，基于考虑气体吸附性的含瓦斯煤有效应力，建立了加载煤样变形与渗透率的相关性模型。周军平等[79]建立了考虑基质收缩效应以及渗流场-应力场耦合作用下的煤层气流动模型，对煤层气初级生产过程中渗透率的变化进行了耦合分析。赵洪宝等[80]对煤样的应力-应变全过程的瓦斯流动特性进行了试验研究，分析突出倾向型煤的瓦斯渗流速度与应力的耦合关系。李晓泉等[81]利用含瓦斯煤热流固耦合三轴伺服渗流系统进行了循环载荷情况下突出煤样变形与渗透特性的试验研究。蒋长宝等[82,83]利用含瓦斯煤热流固耦合三轴伺服渗流试验系统，进行突出煤型煤全应力-应变过程及含瓦斯煤多级式卸围压变形破坏和瓦斯渗流规律的试验研究。陶云奇[84]综合应用弹性力学、渗流力学、传热学理论，建立了体现含瓦斯煤"三场"的双向完全耦合数学模型。彭守建等[85]对煤岩破断与瓦斯运移耦合作用机理进行了试验研究。李波波等[86]开展了体积应力与孔隙压力对型煤渗透率影响的试验研究。袁梅等[87]分析了瓦斯压力对含瓦斯煤渗透率的影响规律。刘见中等[88]研究型煤的渗流特性与轴向压力、围压以及瓦斯压力的关系。

1.3　主要研究内容

主要研究内容包括不同加卸荷应力路径下力学及渗流实验、三种不同开采方式条件下常规尺度及真三轴状态下大尺度煤岩力学及渗流实验及基于有效应力的含瓦斯煤渗透率模型等。具体如下：

（1）设计不同的加卸荷应力路径，不同的加卸荷条件包括不同初始围压、不同初始瓦斯压力、不同初始应力状态、不同围压卸载速度等。采用"含瓦斯煤热流固耦合三轴伺服渗流实验装置"，对常规加载条件和不同加卸荷条件下含瓦斯煤的力学特性和渗透规律进行研究，揭示不同加卸荷条件下含瓦斯煤的变形模量、泊松比、强度及渗透特性等变化规律；从能量的角度出发，对单调加载及不同加卸荷条件下含瓦斯煤在变形破坏过程中的能量变化特征进行分析。

（2）运用"多场多相耦合下多孔介质压裂-渗流实验系统"，对无煤柱开采、放顶煤开采、保护层开采三种不同开采方式条件下含瓦斯煤的力学特性及渗流特性和不含瓦斯煤的力学特性进行试验研究，并分析其峰值强度变化规律。

（3）利用"多场耦合煤矿动力灾害大型模拟试验系统"对真三轴应力状态下大尺度煤岩在常规加载及不同开采条件下的力学及渗流特性进行试验研究。

（4）考虑瓦斯力学作用和瓦斯吸附作用两方面对有效应力系数的影响，建立单调加载及加卸荷条件下原煤的有效应力计算公式及渗透率与有效应力关系方程。

2 采动应力场中含瓦斯煤力学与渗流特性试验研究

2.1 概述

煤层受到采动影响时，应力平衡状态被打破并导致煤层、岩层应力发生重新分布，在工作面前方形成支承压力，在采空区上方上覆岩层产生不同下沉量的移动并形成采动裂隙场。随着工作面的不断推进，工作面前方的支承压力分布规律及采空区上方的采动裂隙场也发生时空演化，使得煤层内部结构发生变化，使其吸附瓦斯解吸出来形成游离瓦斯，导致工作面前方及采空区上方采动裂隙场中瓦斯运移规律随之改变。而且煤层本身物理力学性质、煤层顶底板性质、工作面推进距离、开采方式等各种不同影响因素均会影响工作面前方的支承压力分布规律及采空区上方的采动裂隙场分布，导致工作面前方及采空区上方采动裂隙场中瓦斯流动规律不同。

工作面前后上覆岩层受采动影响，其应力变化、变形及移动产生的"横三区"和"竖三带"的分布情况如图 2-1 所示，对应工作面前方支承压力和采空区上方采动裂隙场分布情况见图 2-2。

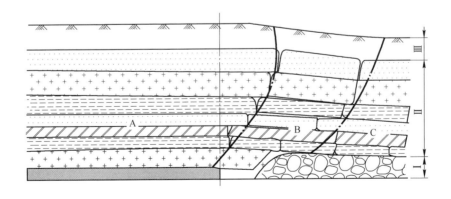

图 2-1 工作面前后采动覆岩移动破坏"横三区"和"竖三带"的分布规律

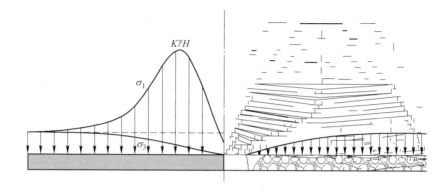

图 2-2 工作面前方支承压力及采空区上方采动裂隙场分布情况

由于煤层、岩层性质不同，受到采动影响时工作面前后方上覆岩层的载荷呈现非均匀分布的特点，岩层的变形表现为不协调变形，根据岩层的应力变化、变形特征及移动规律，工作面前后上覆岩层在水平方向可以划分为三个区，称为"横三区"，分别为煤壁支撑影响区、离层区和重新压实区；在垂直方向自下而上可以划分为三个带，称为"竖三带"，分别为冒落带、裂隙带和弯曲下沉带，其"三区"和"三带"的分布情况受采动影响发生时空动态演化[89]。

（1）工作面前后上覆岩层的"横三区"为：

1）煤壁支撑影响区。煤壁支撑影响区是由于受到采动影响煤层上方应力发生重新分布，使上覆岩层在工作面前方 30~40m 处就开始变形，此区内岩层的水平移动较为剧烈，垂向位移较小。当工作面推过此区域，垂直位移才会开始急剧增加。

2）离层区。采空区上方的上覆岩层在裂隙带内断裂成整齐排列的岩块，破断的岩块间由于相互挤压受到水平推力从而形成三铰拱的平衡结构，当咬合点的挤压力超过咬合点的接触面的强度极限，使咬合点局部受拉造成咬合处岩块破坏并使其进一步回转导致变形失稳；另外，在拱脚的咬合点处摩擦力与剪切力相互作用，当剪切力大于摩擦力时形成滑落失稳。根据现场实测，上覆岩层移动曲线的形态呈现首先下凹、然后随着工作面的推进逐渐恢复水平状态的过程。顶板岩层垂直位移急剧增加，但由于各岩层所受采动载荷的不同导致移动速度不相同，越向上越缓慢，从而形成具有层间裂隙和竖向破断裂隙的离层区。

3）重新压实区。随着工作面的推进，采空区上方上覆岩层形成由"煤壁-工作面支架-采空区已冒落矸石"的支撑体系支撑，变形曲线趋于缓和，而且各岩层的移动速度表现为邻近煤层的岩层移动速度小于远离煤层的岩层移动速度，各岩层进入相互压合的过程，从而形成重新压实区。采空区后方已冒落矸石只承受重新压实区岩层的重量，因此其应力一般只能恢复到原岩应力或稍大一点或稍小一点的程度。

（2）采空区上方上覆岩层的"竖三带"为：

1）冒落带。在自重及上覆岩层重力作用下，靠近采空区的煤岩层由于煤层的开采失去平衡，出现断裂、破碎、塌落堆积于采空区并逐渐向上发展，称为冒落带。在冒落带内，破断后的岩块呈不规则垮落并充满采空区，碎胀系数比较大，一般可达1.3~1.5，重新压实区岩层的碎胀系数较小，在1.03左右。

2）裂隙带。裂隙带是采空区上方的上覆岩层破断以后岩块仍然排列比较整齐的区域，在上覆岩层重力作用下出现裂隙或断裂，岩层移动变形较大。裂隙带位于冒落带之上。受采动影响的裂隙带中岩层主要产生两类采动裂隙：离层裂隙和竖向破断裂隙，形成煤层瓦斯运移的通道和瓦斯富集的区域。

3）弯曲下沉带。弯曲下沉带位于裂隙带之上，岩层变形移动较小，其整体性未遭破坏，且呈现连续平缓的弯曲变形。岩层内不同位置的移动下沉量不同，弯曲下沉带内岩层距离煤层越近，煤层开挖后岩层下沉速度越快。

受采动影响的裂隙带内上覆岩层发生移动破坏时，形成"O-X"形破坏特征，具体为：首先在长边的中心部位发生断裂，裂缝沿着两条长边方向继续扩展到一定程度时在短边的中部形成裂缝，当四周裂缝贯通时裂缝形态呈"O"形；然后板中部逐渐形成裂缝并呈"X"形破断，并与"O"形圈裂隙相连，如图2-3所示。而且随着工作面的不断推进，上覆岩层的"O-X"形破坏特征不断扩展，形成的采动裂隙环形圈如图2-4所示。

由于采空区上方上覆岩层移动的不协调性，各上覆岩层形成的环形裂隙圈均有差异，形成如图2-5所示的采动裂隙梯形台。当推进到一定距离时，采动裂隙场形态为环形梯台，其内部梯台与外部梯台的左断裂角、右断裂角均不同，且内部梯台与外部梯台间的环形裂隙带的左边、右边的宽度不同。

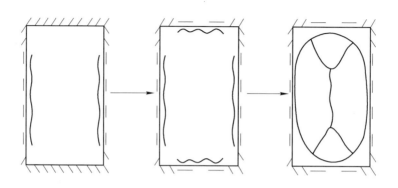

图 2-3　上覆岩层 "O-X" 形破断

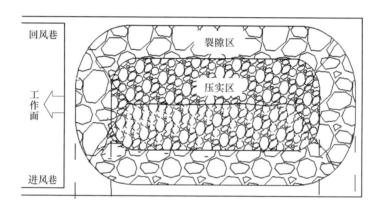

图 2-4　采动裂隙环形圈示意图

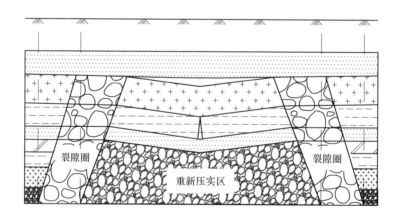

图 2-5　采动裂隙梯形台示意图

　　煤岩体在采动影响下所处的应力状态比较复杂，表现为加荷和卸荷的综合作用，即在轴向方向加载而径向方向卸载。不同的加载和卸载条件对含瓦斯煤的力学特性和渗流特性有不同的影响。因此，研究采动应力场中含瓦斯煤力学特性及渗透率变化规律对预防煤岩动力灾害及瓦斯抽采有重要的指导意义。

2.2 加卸荷应力路径的确定

加卸荷应力路径的不同对含瓦斯煤的力学特性有重要影响。

陈颙等[90]对济南辉长岩、昌平花岗岩和掖县及应县大理岩四种岩石进行了岩石的三轴卸载试验研究，应力路径见图2-6，具体为：先对岩石试件加一定的围压，再加轴压使岩石达到破裂前的某一确定的应力状态，然后保持轴压不变（σ_1为常数），转而减少围压（$\sigma_2 = \sigma_3$）使岩石破坏。

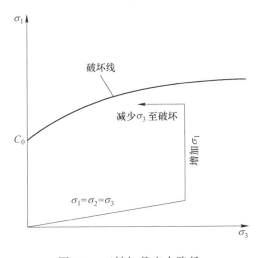

图 2-6 三轴卸载应力路径

陈旦熹等[92]对大理岩也做了不同加载方式的试验，分为五种情况：第一种是恒围压情况，即侧压逐渐施加到预定值，保持围压不变，然后逐级增加轴压直至破坏；第二种是卸荷方案，即加围压至指定值后，保持轴压不变，然后逐级卸除σ_3直至试件破坏；第三种情况是反复加卸荷载，围压分为六级，采用逐级一次循环，最后直至破坏；第四种情况是等比加压，等比是指围压与轴压以不同的比例同时加压；第五种情况是常量应力方案，即$\sigma_1 + \sigma_2 + \sigma_3 =$常数，先加围压至一定的压力，然后在退侧压的同时增加轴向压力，每一次退侧压和加轴压，始终保持三个主应力之和不变而剪应力增加，直至试件破坏为止。

岩石力学等围压应力路径分为以下五种方案，如图 2-7 所示：

方案 1：保持围压恒定，加载轴压；

方案 2：轴压与围压同时不等量卸载，围压降低速率大于等于轴压；

方案 3：保持轴压恒定，卸载围压；

方案 4：加载轴压，卸载围压；

方案 5：轴压与围压不等量同时增加，轴压增加大于围压。

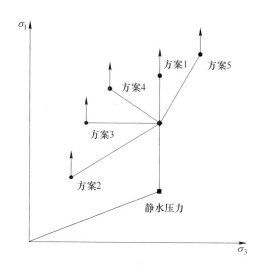

图 2-7　不同加卸荷应力路径试验方案

不同的应力途径试样所处的应力状态明显不同，方案 1 和方案 5 属于加载应力途径，方案 2、方案 3 和方案 4 属于卸载应力途径。此外，应力路径还应包括不同加卸荷初始应力状态：静水压力、峰前某应力状态、峰后某应力状态。

采动应力场中含瓦斯煤加载及加卸荷具体试验方案见表 2-1。

表 2-1　试验方案

煤样编号	试验条件	围压/MPa	瓦斯压力/MPa	卸载初始轴力/MPa	轴力加载速度	围压卸载速度
SK-1	常规加载	7	4	—	0.1mm/min	—
SK-2	单调加载	7	4	—	0.02kN/s	—
SK-3	加卸荷	7	4	7	0.02kN/s	0.01MPa/s
SK-4	加卸荷	7	2	7	0.02kN/s	0.01MPa/s
SK-5	加卸荷	7	3	7	0.02kN/s	0.01MPa/s

煤样编号	试验条件	围压/MPa	瓦斯压力/MPa	卸载初始轴力/MPa	轴力加载速度	围压卸载速度
SK-6	加卸荷	7	4	12	0.02kN/s	0.01MPa/s
SK-7	加卸荷	7	4	17	0.02kN/s	0.01MPa/s
SX-1	加卸荷	7	4	7	0.02kN/s	0.004MPa/s
SX-2	加卸荷	7	4	7	0.02kN/s	0.007MPa/s
SX-3	加卸荷	7	4	7	0.02kN/s	0.01MPa/s
SY-1	加卸荷	6	0.5	24	0.05kN/s	0.01MPa/s
SY-2	加卸荷	6	1.0	24	0.05kN/s	0.01MPa/s
SY-3	加卸荷	6	1.5	24	0.05kN/s	0.01MPa/s

针对煤矿井下的采动属于复杂的加卸荷应力路径，分析以上岩石力学应力路径，本书选择以下含瓦斯煤的加卸荷试验方案：

方案 1（常规三维加载）：首先逐步施加轴压和围压至静水压力水平（$\sigma_1 = \sigma_3 = 7\text{MPa}$），瓦斯压力 $p = 4\text{MPa}$，以位移控制方式 0.1mm/min 的速度进行加载直到煤样的残余强度保持基本稳定，全过程中围压保持不变。应力路径如图 2-8 所示。

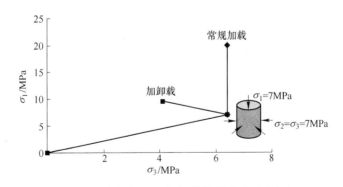

图 2-8 常规加载及加卸荷煤样应力路径图

方案 2（不同瓦斯压力加卸荷）：施加轴压和围压至静水压力水平（$\sigma_1 = \sigma_3 = 7\text{MPa}$），瓦斯压力 $p = 2\text{MPa}$、3MPa、4MPa，从静水压力开始分别以力控制方式 0.02kN/s 的速度施加轴向压力同时以 0.01MPa/s 的速度卸围压至围压目标值 4.5MPa，轴向压力一直增加直至煤样破坏，煤样失稳破坏后转换为位移控制方式 0.1mm/min 的速度进行加载，直到煤样的残余强度保持基本稳定。应力路径如图 2-9 所示。

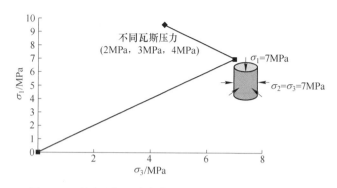

图 2-9 不同瓦斯压力条件下加卸荷煤样应力路径图

方案 3（不同初始应力状态加卸荷）：同常规三维加载相同，施加轴压和围压至静水压力水平（$\sigma_1 = \sigma_3 = 7\text{MPa}$），瓦斯压力 $p = 4\text{MPa}$，以力控制方式 0.02kN/s 的速度施加轴向压力至 7MPa、12MPa 和 17MPa，达到目标值后继续加载同时开始以 0.01MPa/s 的速度卸围压至围压目标值 4.5MPa，轴向压力一直增加直至煤样破坏，煤样失稳破坏后转换为位移控制方式 0.1mm/min 的速度进行加载，直到煤样的残余强度保持基本稳定。应力路径如图 2-10 所示。

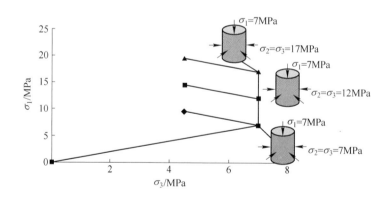

图 2-10 不同初始应力状态加卸荷煤样应力路径图

方案 4（不同围压卸载速度加卸荷）：施加轴压和围压至静水压力水平（$\sigma_1 = \sigma_3 = 7\text{MPa}$），瓦斯压力 $p = 4\text{MPa}$，从静水压力开始以力控制方式 0.02kN/s 的速度施加轴向压力同时分别以 0.004MPa/s、0.007MPa/s、0.01MPa/s 的速度卸围压至围压目标值 4.5MPa，轴向压力一直增加直至煤样破坏，煤样失稳破坏后转换为位移控制方式 0.1mm/min 的速度进行加载直到煤样的残余强度保持基本稳定。应力路径如图 2-11 所示。

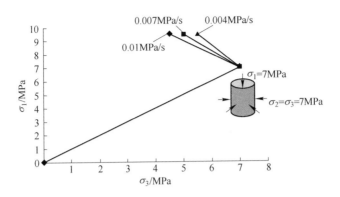

图 2-11　不同围压卸载速度条件下加卸荷煤样应力路径图

方案 5（不同瓦斯压力峰前加卸荷）：首先逐步施加轴压和围压至静水压力水平（$\sigma_1 = \sigma_3 = 6\text{MPa}$），瓦斯压力分别为 0.5MPa、1MPa、1.5MPa，然后以 0.05kN/s 的加载速度施加轴向荷载至 σ_1^u，当轴向应力达到 σ_1^u 时，以 0.01MPa/s 的速度开始降低围压，此时施加轴向载荷的速度不变，当煤岩失稳破坏后转换为速度 0.1mm/min 的位移控制方式，直至围压降到目标值后停止试验，其中 σ_1^u 根据常规三轴加载的峰值强度来确定。为了确定常规三轴加载的峰值强度，其对应的常规三轴加载的试验方案为：首先按静水压力条件逐步施加 $\sigma_1 = \sigma_3$ 至预定值 6MPa，瓦斯压力 1MPa，然后以位移控制方式 0.1mm/min 的加载速度连续施加轴向载荷直至煤样的残余强度保持基本稳定，全过程中围压保持不变。应力路径如图 2-12 所示。

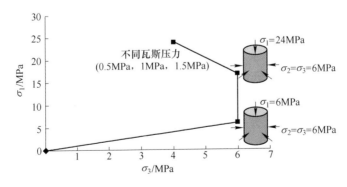

图 2-12　不同瓦斯压力条件下峰前加卸荷煤样应力路径图

2.3　常规加载及加卸荷条件下含瓦斯煤力学与渗流特性研究

常规三维加载与加卸荷具有不同的应力路径，不同应力路径所引起含瓦斯煤的力学特性和破坏特性均有差异。在不同的加卸荷条件下，含瓦斯煤在轴向应力及围压的作用下产生轴向变形及径向变形，应力、应变的变化导致泊松比和变形模量发生变化，研究各试验条件下煤样的泊松比和变形模量等力学特性参数采用如下公式[92]来计算：

$$
\begin{cases}
E = (\sigma_1 - 2\mu\sigma_3)/\varepsilon_1 \\
\mu = (B\sigma_1 - \sigma_3)/[\sigma_3(2B - 1) - \sigma_1] \\
B = \varepsilon_3/\varepsilon_1
\end{cases}
\tag{2-1}
$$

式中，E 为变形模量，GPa；μ 为泊松比；B 为某应力状态下径向应变 ε_3 与相对应的轴向应变 ε_1 的比值；σ_1，σ_3 分别为含瓦斯煤在某应力状态下的轴压及围压，MPa。

2.3.1　常规加载及加卸荷条件下含瓦斯煤力学特性研究

常规加载及加卸荷条件下含瓦斯煤的偏应力-应变曲线如图 2-13 所示。常规加载及加卸荷条件下含瓦斯煤的应力-应变全过程大致分为四个阶段：压密阶段、弹性阶段、屈服和破坏阶段及残余变形阶段，两者的不同之处在于应力路径的不同：常规加载过程的弹性阶段围压保持不变，且轴向压力以位移控制 0.1mm/min 的速度增加；而加卸荷过程的弹性阶段初期围压以 0.01MPa/s 的速度逐渐卸除直至围压目标值 4.5MPa，同时轴向压力以力控制方式 0.05kN/s 的速度增加。

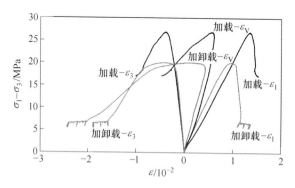

图 2-13　常规加载及加卸荷煤样偏应力-应变曲线

表 2-2 为常规加载及加卸荷煤样破坏时参数。由表 2-2 可以看出，加卸荷煤样的承载强度比常规加载煤样的峰值强度低，且降低了 27.5%。加卸荷煤样达到承载强度时轴向应变为 0.95%，常规加载煤样达到峰值强度时轴向

应变为 1.348%，表明加卸荷煤样经过围压的卸除之后承载能力大大降低，在更小的轴向应变时失稳破坏。在破坏瞬间常规加载煤样与加卸荷煤样的轴向应变依旧缓慢增加，常规加载煤样的径向应变缓慢减小而加卸荷煤样的径向变形迅速减小且径向应变瞬间减小量约为 0.6%，从而导致加卸荷煤样的体积应变瞬间减小将近 1%，说明相对于常规加载来说加卸荷条件下煤样的径向变形对破坏的作用更为明显。

表 2-2 常规加载及加卸荷煤样破坏时参数

试验条件	峰值强度 /MPa	轴向应变 /10^{-2}	径向应变 /10^{-2}	体积应变 /10^{-2}	变形模量 /GPa	泊松比
常规加载	33.91	1.348	−0.386	0.577	2.13	0.37
加卸荷	24.58	0.95	−0.424	0.103	2.14	0.467

图 2-14 和图 2-15 分别为常规加载及加卸荷条件下含瓦斯煤变形模量和泊松比随轴向应变变化的情况。从图 2-14 可以看到，常规加载煤样与加卸荷煤样的变形模量随轴向应变的关系对应于应力随应变的关系中的四个阶段：在压密阶段及弹性阶段初期，常规加载及加卸荷煤样的变形模量均随轴向应变的增加而迅速减小，初期在相同轴向应变时，加卸荷煤样的变形模量要大于常规加载煤样的变形模量，根据试验过程，在弹性阶段初期，应力状态为由三向静水压力开始卸载围压同时增加轴压，轴向和径向变形量均增大，因此变形模量减小；在弹性阶段中后期常规加载煤样的变形模量基本保持稳定，约为 2.24GPa，而加卸荷煤样的变形模量在缓慢下降。在屈服和破坏阶段，常规加载煤样和加卸荷煤样的变形模量均迅速下降，此阶段由于煤样破坏所能承载的轴向应力迅速减小，而轴向应变仍然在缓慢增加，因此变形模

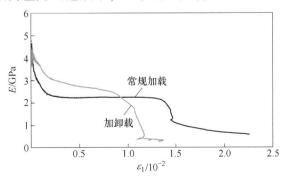

图 2-14 常规加载及加卸荷煤样变形模量-轴向应变曲线

量迅速下降。在残余变形阶段，常规加载煤样的变形模量大于加卸荷煤样的变形模量，且两者的变形模量都趋于基本稳定。即随着轴向应变的增加，常规加载及加卸荷煤样的变形模量均先迅速减小然后缓慢减小到破坏时又迅速减小直到保持基本稳定。如图 2-15 所示，常规加载煤样和加卸荷煤样的泊松比随着轴向应变的增加，呈现出先减小后增大到最后保持基本稳定的趋势，屈服破坏前常规加载煤样的泊松比大于加卸荷煤样的泊松比，残余变形阶段常规加载煤样的泊松比小于加卸荷煤样的泊松比。

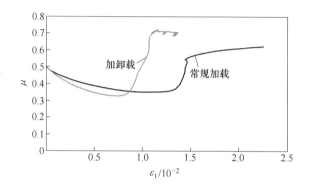

图 2-15　常规加载及加卸荷煤样泊松比-轴向应变曲线

2.3.2　不同瓦斯压力条件下加卸荷煤样力学与渗流特性研究

2.3.2.1　不同瓦斯压力条件下加卸荷煤样力学特性试验研究

不同瓦斯压力条件下加卸荷煤样偏应力-应变曲线如图 2-16 所示。从图 2-16

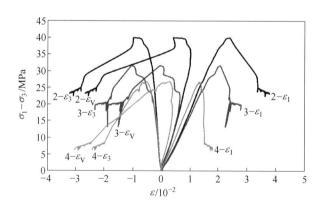

图 2-16　不同瓦斯压力条件下加卸荷煤样偏应力-应变曲线

可以看出，随着瓦斯压力的升高，加卸荷煤样的承载强度降低，与常规加载煤样的峰值强度规律相同，当瓦斯压力由 2MPa、3MPa 增加到 4MPa，加卸荷煤样的承载强度降低幅度达到 17.86%~28.12%。

当煤岩所处的三向应力状态不变时，瓦斯压力的增加对含瓦斯煤岩的物理力学特性的影响主要表现为两方面作用：（1）瓦斯的力学作用使煤体固体骨架变形导致内部的孔隙裂隙发育并发展，使煤体孔隙裂隙扩张，且当瓦斯压力越大，其力学作用导致煤体内部孔隙裂隙越发育；（2）煤体对瓦斯的吸附作用，吸附在煤孔隙表面和煤分子内部的瓦斯紧密贴合，占据了煤体孔隙裂隙表面以及煤体结构的空间，使煤体表面的孔隙裂隙减少，表现为孔隙裂隙的闭合。这两种作用的综合作用最终通过孔隙裂隙的扩张与闭合的影响大小来判定。当瓦斯的力学作用导致孔隙裂隙的扩张作用大于煤体对瓦斯的吸附作用导致孔隙裂隙的闭合作用时，最终煤体表现出孔隙裂隙的扩张，孔隙率增大，此时瓦斯的力学作用起主导作用；当瓦斯的力学作用导致孔隙裂隙的扩张作用小于煤体对瓦斯的吸附作用导致孔隙裂隙的闭合作用时，最终煤体表现出孔隙裂隙的闭合，孔隙率减小，此时瓦斯的吸附作用起主导作用。瓦斯对煤体表现出的作用主要取决于两种作用的哪种起主导作用，根据胡耀青等[93]所述，孔隙压存在一临界值 P_{cri}，当 $P>P_{cri}$ 时孔隙压引起的煤体骨架变形占支配地位；尹光志等[65]提到存在一个临界瓦斯压力，当瓦斯超过此临界瓦斯压力时，孔隙率增加，且认为瓦斯压力临界值 P 在 1.5MPa 左右。本试验中瓦斯压力大于此临界瓦斯压力，因此瓦斯的力学作用导致煤体孔隙裂隙的扩张起主导作用，随着瓦斯压力的升高，孔隙裂隙的扩张程度越高，孔隙率增加，而且，在加卸荷条件下，围压的卸除加剧了孔隙率的增加，煤体的承载强度越低。

随着瓦斯压力的升高，加卸荷煤样的承载强度降低，且加卸荷煤样的承载强度与瓦斯压力呈线性关系。拟合曲线如图 2-17 所示。

对加卸荷煤样的承载强度与瓦斯压力的关系进行拟合，线性表达式为：

$$\sigma_c = -6.605p + 59.595 \tag{2-2}$$

$$R^2 = 0.9762$$

式中，p 为加卸荷煤样的瓦斯压力，MPa。

图 2-18 和图 2-19 分别为不同瓦斯压力条件下加卸荷煤样的变形模量和泊松比与轴向应变的关系曲线。可以看出，不同瓦斯压力条件下变形模量随

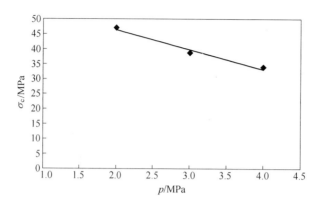

图 2-17　加卸荷煤样的承载强度与瓦斯压力的拟合曲线

轴向变形的增加均先迅速减小然后缓慢减小直至破坏后保持基本稳定。当其他条件不变，瓦斯压力越大，加卸荷煤样的有效围压越小，加卸荷煤样在失稳破坏前产生的变形越小，变形模量越大，如图 2-18 所示，煤样破坏前瓦斯压力为 4MPa 时加卸荷煤样的变形模量大于瓦斯压力为 2MPa 和 3MPa 时加卸荷煤样的变形模量，后两者在破坏前大致相等。在保持基本稳定的阶段，不同瓦斯压力条件下加卸荷煤样的变形模量基本相等。由图 2-19 可知，不同瓦斯压力条件下加卸荷煤样的泊松比均表现出随着轴向应变的增加先逐渐减小后迅速增加最后基本保持稳定的变化趋势。随着瓦斯压力的升高，加卸荷煤样的泊松比随轴向应变增加先减小后增加的下凹曲线越来越陡，曲线的拐点对应的轴向应变越来越小，且拐点对应的轴向应变小于加卸荷煤样破坏瞬间对应的轴向应变。在基本保持稳定的阶段，不同瓦斯压力条件下加卸荷煤样的泊松比大致相等。

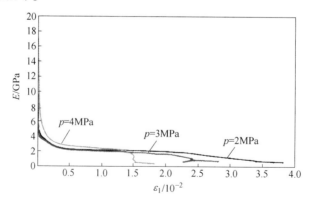

图 2-18　不同瓦斯压力条件下加卸荷煤样变形模量-轴向应变曲线

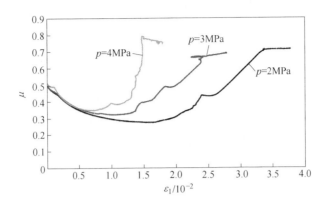

图 2-19 不同瓦斯压力条件下加卸荷煤样泊松比-轴向应变曲线

2.3.2.2 不同瓦斯压力条件下加卸荷煤样渗流特性试验研究

常规加载及加卸荷应力路径的不同对含瓦斯煤的力学特性有重要影响，从而影响煤样内部孔隙、裂隙结构的发育发展情况，进而引起渗透率变化规律的改变，因此对常规加载及加卸荷条件下煤样的渗流特性进行对比。

A 常规加载煤样渗流特性试验研究

图 2-20 为常规加载煤样偏应力和渗透率随轴向应变的变化曲线。随着轴向应变的增加，渗透率呈现先缓慢减小到最小值保持基本稳定一定时间后迅速增加的趋势，且渗透率与轴向应变呈不规则的"V"形变化规律，同文[94]中型煤渗透率与轴向应变的"V"形规律基本相似，不同之处在于本书采用试件为原煤，其破坏后的渗透率急剧增加，而型煤破坏后渗透率缓慢

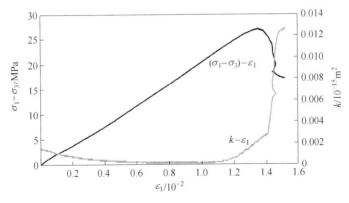

图 2-20 常规加载煤样偏应力-轴向应变及渗透率－轴向应变曲线

增加。煤样破坏时轴向应变为 1.348%，屈服阶段后渗透率由缓慢增加到迅速增加的轴向应变突变点值为 1.408%，说明渗透率-轴向应变的变化滞后于常规加载煤样应力-轴向应变的变化。对应于应力-应变全过程曲线，煤样在压密阶段，孔隙裂隙闭合，渗透率逐渐减小；弹性变形阶段孔隙裂隙扩展但未连通，渗透率保持基本稳定；从屈服阶段开始，煤样内部裂隙进一步扩展并连通，渗透率缓慢增加；当煤样失稳破坏，破裂面贯通，渗透率迅速增加；到达残余变形阶段，煤样的渗透率增加幅度减小。

以渗透率开始增加的点为转折点，将渗透率-轴向应变曲线进行分段拟合，其拟合表达式如下：

$$k = 0.0019\varepsilon_1^2 - 0.031\varepsilon_1 + 0.014, \quad R^2 = 0.9675$$
$$k = 5 \times 10^{-9}\mathrm{e}^{9.676\varepsilon_1}, \quad R^2 = 0.9717 \tag{2-3}$$

图 2-21 为渗透率随径向应变的变化曲线，随着径向应变的减小，渗透率先减小至最小值保持稳定后迅速增加。以渗透率开始增加点为转折点，对应的渗透率-径向应变的分段拟合表达式为：

$$k = 0.0356\varepsilon_3^2 + 0.0129\varepsilon_3 + 0.0012, \quad R^2 = 0.9329$$
$$k = 0.0002\mathrm{e}^{-4.313\varepsilon_3}, \quad R^2 = 0.853 \tag{2-4}$$

由图 2-21 可以看出在煤样渗透率增加的阶段，轴向应变由 1.125% 变为 1.518%，变化了 0.397%；而径向应变 -0.271% 变为 -0.991%，变化了 -0.72%，说明径向应变对于渗透率增加的贡献大于轴向应变。

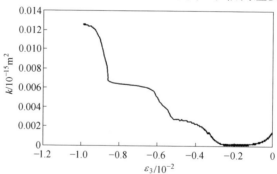

图 2-21 常规加载煤样渗透率-径向应变曲线

图 2-22 为渗透率随体积应变的变化曲线，首先随着体积应变的增加渗透率减小至最小值保持基本稳定，后随着体积应变的增加渗透率增大，再随着体积应变的减小渗透率迅速增大。对应的渗透率-体积应变的分段拟合表达式为：

$$k = 0.0061\varepsilon_V^2 - 0.0057\varepsilon_V + 0.0015, \quad R^2 = 0.9329$$

$$k = 0.0048\mathrm{e}^{-2.522\varepsilon_V}, \quad R^2 = 0.7443$$

$$(2-5)$$

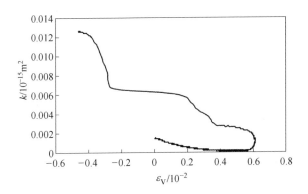

图 2-22   常规加载煤样渗透率 – 体积应变曲线

由常规加载条件下煤样渗透率随轴向应变、径向应变及体积应变的曲线可以看出，在煤样屈服前，渗透率与应变呈二次曲线关系减小；煤样屈服后，渗透率与应变呈指数关系增大，且与轴向应变呈正指数关系增大，与径向应变和体积应变呈负指数关系增大。

B　不同瓦斯压力条件下加卸荷煤样渗流特性试验研究

图 2-23 为不同瓦斯压力条件下加卸荷煤样的偏应力-轴向应变及渗透率-轴向应变曲线，可以看出随着瓦斯压力的增加，煤样的承载强度降低。

不同瓦斯压力条件下加卸荷煤样渗透率-轴向应变曲线及其分段拟合曲线

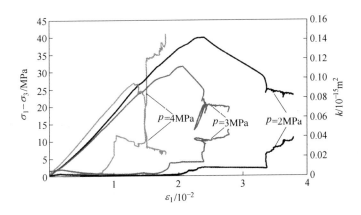

图 2-23   不同瓦斯压力条件下加卸荷煤样偏应力-轴向应变及渗透率-轴向应变曲线

如图 2-24 所示，随着轴向应变的增加，加卸荷条件下煤样渗透率呈现先增加后减小并保持基本稳定一段时间后迅速增加的趋势。

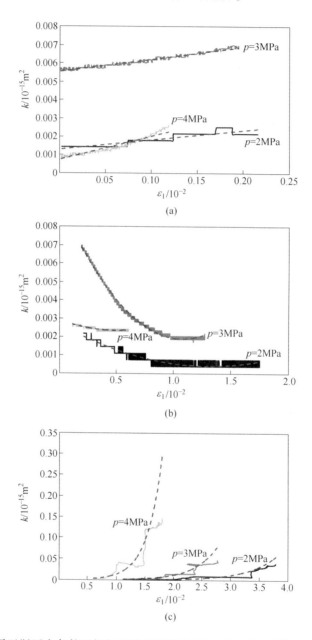

(a)

(b)

(c)

图 2-24   不同瓦斯压力条件下加卸荷煤样渗透率-轴向应变试验曲线及分段拟合曲线

煤样由静水压力开始加载轴压卸载围压，由于围压的卸载导致煤样的孔隙裂隙结构发育，瓦斯在煤样中流通的通道增大，渗透率增大；而轴压的加载使其孔隙裂隙结构闭合，瓦斯在煤样中流通的通道减小，渗透率减小，因此渗透率增大减小程度取决于瓦斯流通通道的增大减小程度，而瓦斯流通通道的增大减小程度取决于轴压加载和围压卸载的速度。文中轴力加载速度为0.02kN/s，围压卸载速度为0.01MPa/s，即加载速度和卸载速度基本相同，当轴压和围压变化相同时，围压对煤样渗透率的影响大于轴压对渗透率的影响，因此加卸荷过程中围压卸载对孔隙裂隙结构的张开程度大于轴压加载对孔隙裂隙的闭合程度，渗透率缓慢增加，渗透率随轴向应变呈线性增加，且瓦斯压力越大渗透率增加的速度越快。

当围压卸载到目标值后保持不变，轴压以预定速度持续施加，煤样的变形以压缩变形为主，其孔隙裂隙结构逐渐闭合，瓦斯在煤体中流通的通道逐渐减少，渗透率逐渐减小，渗透率达到最小值时基本对应于应力–应变曲线的弹性变形阶段，内部的孔隙裂隙扩展但并未贯通，渗透率保持最小值基本稳定。此过程中加卸荷煤样的渗透率与轴向应变呈二次曲线关系减小，且瓦斯压力越大渗透率保持稳定的最小值越大。

当煤样屈服后，煤样内部孔隙裂隙结构逐渐贯通，其流通通道逐渐张开，渗透率逐渐增大，且瓦斯压力越大渗透率增大的程度越高，当渗透率增大到某一水平后开始保持基本稳定，这一现象与常规加载中屈服后煤样渗透率持续增加现象不同，可能是由于煤样内部孔隙裂隙结构发展发育并贯通到某一程度后保持基本稳定；当煤样破坏后应变软化阶段，煤样内部沿剪切破裂面形成贯通裂隙，随着轴向应变的增加裂隙的张开程度加大，瓦斯流通通道增大，渗透率迅速增加。此过程中煤样渗透率均随着轴向应变的增加呈指数关系迅速增加，且瓦斯压力越大，煤样破坏时的渗透率越大，破坏后渗透率以指数关系增加的程度越大。

以瓦斯压力3MPa为例，加卸荷煤样渗透率随轴向应变曲线分段拟合表达式为：

$$k = 0.0068\varepsilon_1 + 0.0056, \quad R^2 = 0.9582$$
$$k = 0.0064\varepsilon_1^2 - 0.0139\varepsilon_1 + 0.0093, \quad R^2 = 0.995 \quad (2\text{-}6)$$
$$k = 8 \times 10^{-5}e^{2.4982\varepsilon_1}, \quad R^2 = 0.9195$$

图 2-25 和图 2-26 分别为不同瓦斯压力条件下加卸荷煤样渗透率-径向应变曲线及渗透率-体积应变曲线。随着径向应变的减小及体积应变先增加后减小，加载条件下煤样渗透率呈现先增加后减小并保持基本稳定一段时间后迅

速增加的趋势。

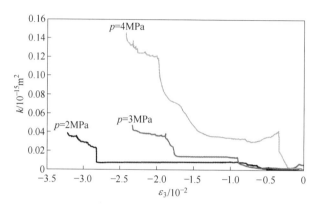

图 2-25　不同瓦斯压力条件下加卸荷煤样渗透率-径向应变曲线

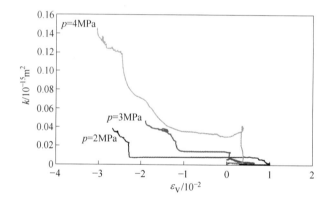

图 2-26　不同瓦斯压力条件下加卸荷煤样渗透率-体积应变曲线

由图 2-24~图 2-26 可以看出，加卸荷条件下煤样在屈服前渗透率增加阶段，2MPa 瓦斯压力煤样的渗透率由 0.0014×10^{-15} m² 增加到 0.0025×10^{-15} m²，增加了 0.0011×10^{-15} m²；3MPa 瓦斯压力煤样的渗透率由 0.0057×10^{-15} m² 增加到 0.007×10^{-15} m²，增加了 0.0013×10^{-15} m²；4MPa 瓦斯压力煤样的渗透率由 0.0009×10^{-15} m² 增加到 0.0026×10^{-15} m²，增加了 0.0015×10^{-15} m²，说明瓦斯压力越大，此阶段煤样渗透率增加量越大。屈服前渗透率最小值在瓦斯压力为 2MPa、3MPa、4MPa 时分别为 0.00036×10^{-15} m²、0.0018×10^{-15} m²、0.0023×10^{-15} m²，即瓦斯压力越高，屈服前渗透率最小值越高。

屈服后渗透率迅速增加，不同瓦斯压力条件下最终渗透率分别为 0.038×10^{-15} m²、0.047×10^{-15} m²、0.145×10^{-15} m²，即渗透率也随着瓦斯压力的增

加而增加，相比较屈服前渗透率最小值分别增加了 $0.03764\times10^{-15}\,\mathrm{m}^2$、$0.0452\times10^{-15}\,\mathrm{m}^2$、$0.1427\times10^{-15}\,\mathrm{m}^2$，即瓦斯压力越大，屈服后渗透率增加量越大。

由图 2-22 和图 2-26 可以看出，常规加载屈服前渗透率最小值为 $0.00012\times10^{-15}\,\mathrm{m}^2$，屈服破坏后最终渗透率为 $0.0126\times10^{-15}\,\mathrm{m}^2$，渗透率增加 $0.01248\times10^{-15}\,\mathrm{m}^2$，与加卸荷条件下 4MPa 瓦斯压力时相比，常规加载屈服前渗透率最小值和屈服破坏后最终渗透率均小于加卸荷条件下渗透率值，且加卸荷条件下最小值与最终渗透率的增加量为常规加载渗透率增加量的 11.43 倍。由此可以得出，在采动条件下瓦斯涌出或瓦斯突出的危险性比较大，因此需要对瓦斯煤岩动力灾害进行现场预防和控制。

以瓦斯压力 3MPa 为例，加卸荷煤样渗透率随径向应变及体积应变的曲线分段拟合表达式分别为：

$$k = -0.0202\varepsilon_3 + 0.0056,\ R^2 = 0.9635$$
$$k = 0.1415\varepsilon_3^2 + 0.0677\varepsilon_3 + 0.0098,\ R^2 = 0.9622 \qquad (2\text{-}7)$$
$$k = 0.0012\mathrm{e}^{-1.808\varepsilon_3},\ R^2 = 0.9114$$
$$k = 0.019\varepsilon_V + 0.0055,\ R^2 = 0.9424$$
$$k = 0.0159\varepsilon_V^2 - 0.0206\varepsilon_V + 0.0086,\ R^2 = 0.9964 \qquad (2\text{-}8)$$
$$k = 0.0058\mathrm{e}^{-1.357\varepsilon_V},\ R^2 = 0.8681$$

由加卸荷条件下煤样渗透率随轴向应变、径向应变及体积应变的曲线可以看出，在煤样屈服前，渗透率首先与应变呈线性关系增加后呈二次曲线关系减小；煤样屈服后，渗透率与应变呈指数关系增大。

总的来说，常规加载与加卸荷条件下煤样渗透率与应变的关系在屈服前后规律不同，均有屈服前二次曲线减小和屈服后指数关系增加的变化规律，不同点在于常规加载和加卸荷由于其应力路径的不同导致加卸荷条件下渗透率减小前有线性关系增加的变化规律，屈服前后分段表达式如下所示：

$$k = A\varepsilon_i + B \qquad (2\text{-}9)$$
$$k = C\varepsilon_i^2 + D\varepsilon_i + E \qquad (2\text{-}10)$$
$$k = F\mathrm{e}^{G\varepsilon_i} \qquad (2\text{-}11)$$

式中，$i = 1$ 或 3，$\varepsilon_V = \varepsilon_1 + 2\varepsilon_3$；$A$、$B$、$C$、$D$、$E$、$F$、$G$ 为常数。另外，式（2-9）与应力路径有关，若为常规加载或加卸荷条件下轴向加载对渗透率的

影响大于围压卸载的影响则式（2-9）不存在。

2.3.3　不同初始应力状态条件下加卸荷煤样力学特性研究

不同初始应力状态条件下加卸荷煤样轴向应力-应变曲线如图 2-27 所示。不同初始应力状态条件即卸载围压开始的轴向压力，分别从静水压力 7MPa 以及加载轴向压力至 12MPa 和 17MPa 时开始以 0.01MPa/s 的速度卸载围压。从图 2-27 可以看出，随着加卸荷初始轴力的升高，煤样的承载强度降低，且随着初始轴向压力由 7MPa 增加到 17MPa，煤样的承载强度降低幅度达到 12.9%~42%。煤样的承载强度越低，对应加卸荷煤样在屈服破坏时的轴向应变越小。从静水压力 7MPa 开始卸围压至达到目标值 4.5MPa 整个过程处于弹性阶段初期，而围压的卸除对煤样的原始孔隙、裂隙的张开起促进作用，煤样的孔隙、裂隙结构发生变化；从 12MPa 和 17MPa 开始卸围压处于弹性阶段中后期，此阶段裂隙发展，轴向压力的压缩促进微裂隙的发展，此阶段围压的卸除加剧了裂隙的发生发展；但 17MPa 时卸围压承载强度降低，可能是由于当轴压加载到 17MPa 时煤样已经进入屈服阶段，而随着围压的卸载，破裂不断发展，更容易产生裂隙。

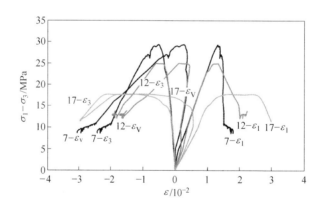

图 2-27　不同初始应力状态条件下加卸荷煤样偏应力-应变曲线

随着初始轴向压力的升高，加卸荷煤样的承载强度降低，且加卸荷煤样的承载强度与不同初始轴力呈指数关系。拟合曲线如图 2-28 所示。

对加卸荷煤样的承载强度与不同轴力的关系进行拟合，指数表达式为

$$\sigma_c = 51.732e^{-0.0545\sigma_1^1} \tag{2-12}$$

$$R^2 = 0.9254$$

式中，σ_c 为加卸荷条件下煤样的承载强度，MPa；σ_1^u 为卸载围压起始位置的初始轴向压力，MPa。

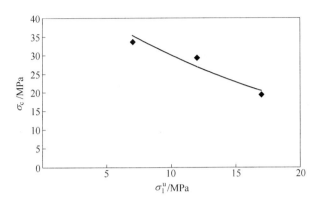

图 2-28 加卸荷煤样的承载强度与不同初始应力状态的拟合曲线

图 2-29 和图 2-30 分别为不同初始应力状态条件下加卸荷变形模量和泊松比与轴向应变的关系曲线。由图 2-29 可知，加卸荷煤样的变形模量均先迅速减小然后缓慢减小直至破坏后保持基本稳定。在对应应力-应变曲线的弹性阶段初期，轴向和径向变形量均增大，因此变形模量减小，从静水压力7MPa 开始加卸荷煤样的变形模量大于从 12MPa 和 17MPa 开始加卸荷煤样的变形模量。在对应的残余变形阶段，三种轴力条件下加卸荷煤样的变形模量基本相等。轴力为 7MPa 开始卸载围压的加卸荷煤样破坏瞬间的变形模量大于 12MPa 和 17MPa 时开始卸载围压的变形模量，而 12MPa 和 17MPa 时开始卸载围压的变形模量基本相等，相对 7MPa 的变形模量下降了 15.08%。

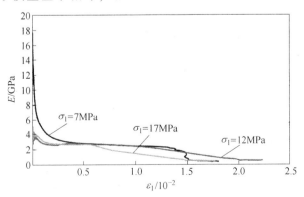

图 2-29 不同初始应力状态条件下加卸荷煤样变形模量-轴向应变曲线

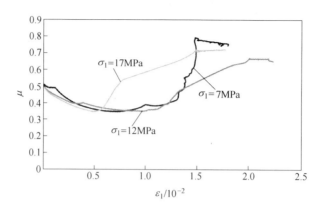

图 2-30　不同初始应力状态条件下加卸荷煤样泊松比-轴向应变曲线

如图 2-30 所示，不同初始应力状态条件下加卸荷煤样的泊松比在破坏前逐渐减小破坏后逐渐增大直至保持基本稳定。破坏瞬间加卸荷煤样的泊松比随着卸载围压初始轴向压力的升高逐渐增大，增大幅度为 8.09% ~ 25.9%。由于加卸荷位置的不同，由此导致的变形也不同，7MPa 开始加卸荷的径向变形大于 12MPa 和 17MPa 开始加卸荷的径向变形，在弹性阶段初期，7MPa 开始加卸荷煤样的泊松比大于 12MPa 和 17MPa 开始加卸荷的泊松比，12MPa 与 17MPa 开始加卸荷的泊松比相差不大。

2.3.4　不同围压卸载速度条件下加卸荷煤样力学特性研究

不同围压卸载速度条件下加卸荷煤样偏应力-应变曲线如图 2-31 所示，图中 0.004、0.007 和 0.01 代表围压卸载速度分别为 0.004MPa/s、

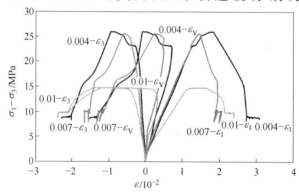

图 2-31　不同围压卸载速度条件下加卸荷煤样偏应力-应变曲线

0.007MPa/s 和 0.01MPa/s，从图中可以看出，随着围压卸载速度的升高，煤样的承载强度降低，当围压卸载速度由 0.004MPa/s、0.007MPa/s 增加到 0.01MPa/s 时，煤样的承载强度降低幅度达到 1.31% ~ 36.65%。由于围压卸载速度的不同，煤样产生的径向应变也不同，可以明显看出围压卸载速度越快，煤样产生的径向应变越大。围压卸载速度越快，裂隙发育程度更高，对煤样内部孔隙、裂隙结构的发育及发展具有促进作用，导致煤样承载能力降低，因此围压卸载速度为 0.004MPa/s 煤样承载强度最高，卸载速度为 0.007MPa/s 的承载强度次之，卸载速度为 0.01MPa/s 的承载强度最低。

随着围压卸载速度的升高，加卸荷煤样的承载强度降低，且加卸荷煤样的承载强度与不同围压卸载速度呈指数函数关系。拟合曲线如图 2-32 所示。

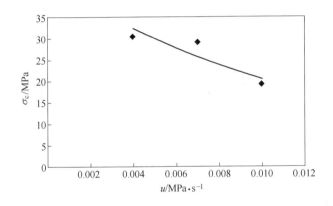

图 2-32　加卸荷煤样的承载强度与围压卸载速度的拟合曲线

对加卸荷煤样的承载强度与围压卸载速度的关系进行拟合，指数表达式为

$$\sigma_c = 43.824e^{-76.14u} \tag{2-13}$$

$$R^2 = 0.8268$$

式中，u 为加卸荷煤样的围压卸载速度，MPa/s。

不同围压卸载速度条件下加卸荷煤样的变形模量和泊松比与轴向应变的关系曲线分别如图 2-33 和图 2-34 所示。从图 2-33 可以看出，加卸荷煤样的变形模量随轴向变形的增加均先迅速减小然后缓慢减小直至破坏后保持基本稳定。在迅速减小阶段，轴向和径向变形量均增大，因此变形模量减小，围压卸载速度为 0.01MPa/s 加卸荷煤样的变形模量小于 0.004MPa/s 和 0.007MPa/s 加卸荷煤样的变形模量，0.01MPa/s 煤样卸载围压的过程在应力-应变曲线对应于压密阶段及弹性阶段前期，围压卸载速度越快，裂隙越发育，产生的变形量越大，抵抗变形的能力相对 0.004MPa/s 和 0.007MPa/s 加卸荷煤样的抵抗变形能力要低，变形模量相对较小；在保持残余变形基本稳定阶段，不同围压卸载速度条件下加卸荷煤样的变形模量基本相等。如图 2-34 所示，不同围压卸载速度条件下加卸荷煤样的泊松比随着轴向应变的增加先逐渐减小后迅速增加最后保持基本稳定，且围压卸载速度越大，在减小阶段与增加阶段泊松比越大，可能是由于围压卸载速度越快煤样产生的裂隙越发育，产生的径向变形越大导致泊松比越大。

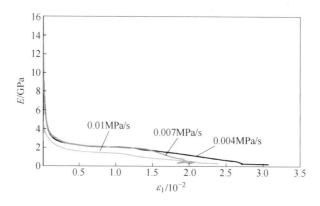

图 2-33　不同围压卸载速度条件下加卸荷煤样变形模量-轴向应变曲线

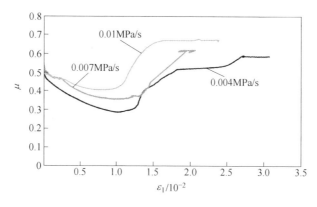

图 2-34　不同围压卸载速度条件下加卸荷煤样泊松比-轴向应变曲线

2.3.5　不同瓦斯压力条件下峰前加卸荷煤样力学与渗流特性研究

峰前加卸荷的初始轴向压力值 σ_1^i 要根据常规三轴加载的峰值强度来确定，因此首先进行了常规三轴加载试验，常规三轴加载试验煤样偏应力-应变曲线见图 2-35，图 2-36 为常规三轴加载试验煤样渗透率-轴向应变曲线和偏应力-轴向应变曲线。从图 2-35 可以看到，利用位移控制加载过程中，轴向应变随着轴向应力的增大，经历了压密阶段、弹性变形阶段、屈服阶段及破坏后残余变形阶段[95]，而且在破坏瞬间煤样发出清脆的破裂声音，表明原煤试件的破坏为脆性破坏。煤样的渗透率随着轴向应变的增大先减小，随后基本趋于稳定，直到破坏瞬间迅速增大。而且，从图 2-36 可以明显观察到，在煤样破坏瞬间轴向应力迅速降低，渗透率迅速增大，其轴向应力-轴向应变曲线与渗透率-轴向应变曲线有比较好的对应关系。

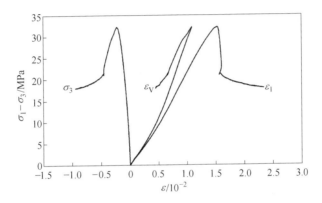

图 2-35　常规三轴加载煤样偏应力-应变曲线

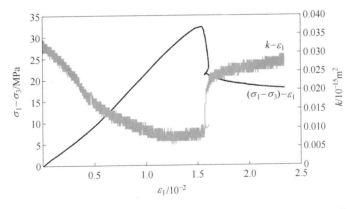

图 2-36　常规三轴加载煤样偏应力-轴向应变及渗透率-轴向应变曲线

为了降低原煤试件的离散性对试验结果的影响，试验所选用的原煤均无比较大的节理裂隙，煤样中瓦斯渗流符合达西定律，渗透率 k 的计算表达式为：

$$k = \frac{2q\mu L p_n}{A(p_1^2 - p_2^2)} \qquad (2\text{-}14)$$

式中，k 为渗透率，m^2；q 为煤样瓦斯渗流速度，m^3/s；μ 为瓦斯的动力黏度系数，通常取 1.087×10^{-11} MPa·s；L 为原煤试样的长度，m；p_n 为一个大气压，MPa；A 为煤样横截面积，m^2；p_1 为进口瓦斯压力，MPa；p_2 为出口瓦斯压力，MPa。

图 2-37 为瓦斯压力 0.5MPa 条件原煤试件峰前加卸荷试验偏应力-应变曲线。从静水压力 $\sigma_1 = \sigma_3$ 开始用力控制方式以 0.05kN/s 的速度对原煤试件进行压缩，当轴向力达到预定目标值后，在保持轴向压力增加的同时开始卸除围压。卸载围压开始后，煤样侧向应变和轴向应变均缓慢增加，体积应变表现出先缓慢增加然后开始减小的趋势。这是因为围压对侧向变形有限制作用，随着围压的降低，对侧向变形的限制作用开始减弱，侧向变形增加，煤样出现侧向扩容，与此同时，轴向压力不断增加，加剧了侧向变形。随着围压的不断降低和轴向压力的不断增加，达到煤样在某一围压下对应的极限承载强度时煤样失稳破坏。在失稳破坏阶段，承载能力迅速下降，为了得到煤样在失稳破坏后其应力、应变和瓦斯渗流情况，加载方式由力控制变为位移控制。煤样破坏后，侧向变形急剧增加，体积应变迅速减小，并由正值转为负值，表明煤样发生了明显的扩容现象。

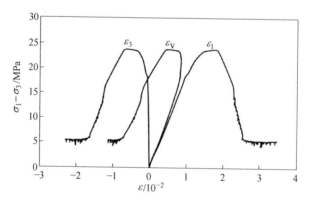

图 2-37　瓦斯压力 0.5MPa 条件峰前加卸荷煤样偏应力-应变曲线

图 2-38 为原煤试件常规三轴加载煤样和加卸荷煤样的偏应力-轴向应变曲线。由图中可以看出，加卸荷煤样的偏应力-轴向应变曲线可以分为四个阶段：AB 段为压密阶段及弹性变形阶段，此过程轴向压力与轴向应变大致呈线性关系；从 B 点开始卸载围压，BC 阶段为轴向压力继续增加同时卸载围压直到煤样破坏的过程，此阶段轴向压力缓慢增加，煤样逐渐屈服直至破坏；CD 段为破坏后阶段；DE 段为残余变形阶段，此阶段轴向压力保持基本稳定。与常规三轴加载相比，加卸荷煤样的极限承载强度低于常规三轴加载

煤样的峰值强度；常规三轴加载条件下的变形量远小于加卸荷条件下的变形量，加卸荷产生的扩容现象比常规三轴加载更为明显。

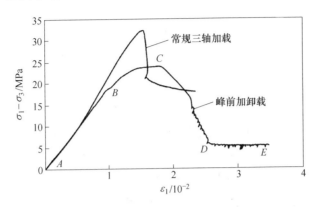

图 2-38 常规三轴加载及加卸荷煤样偏应力-轴向应变曲线

不同瓦斯压力作用下峰前加卸荷煤样渗透率随体积应变变化的关系曲线如图 2-39 所示，图中的 0.5、1.0、1.5 分别代表瓦斯压力为 0.5MPa、1.0MPa、1.5MPa。峰前加卸荷煤样渗透率的变化趋势可以通过体积应变的变化来体现。在加载轴向压力到某一目标值之前，围压保持不变，随着轴向压力的增加，体积应变不断增加，煤样逐渐被压缩，孔隙、裂隙逐渐闭合，瓦斯在原煤试件中流动的通道不断被挤压，瓦斯在煤中的流动越来越困难，所以在此阶段煤的渗透率不断减小；当达到预定目标值时开始卸围压，随着围压的降低，侧向应变迅速增加，体积应变逐渐减小，煤样呈现很明显的扩容现象，孔隙裂隙不断发展，瓦斯在煤中流动的通道不断增大，瓦斯在煤中的流动越来越容易，所以在此阶段煤岩的渗透率不断增大并在破坏前逐渐保

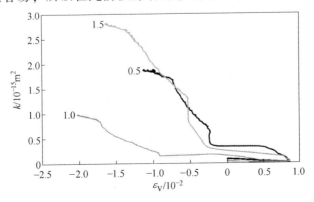

图 2-39 不同瓦斯压力条件下峰前加卸荷煤样渗透率-体积应变曲线

持稳定，且当瓦斯压力为 0.5MPa 时渗透率最大，1.5MPa 时次之，瓦斯压力为 1MPa 时渗透率最小；煤样破坏后，轴向压力瞬间降低，同时围压也在减小，煤样的侧向变形迅速减小，煤样的体积应变减小，即煤的体积继续增大，瓦斯在煤中的流动通道继续增大，瓦斯在煤中的流动更加容易，渗透率继续增大[96]，在此阶段原煤试件最终的渗透率在瓦斯压力为 1.5MPa 时最大，0.5MPa 时次之，瓦斯压力为 1.0MPa 时渗透率最小。

图 2-40 为峰前加卸荷煤样卸载围压过程中围压与侧向应变的关系曲线。开始卸围压后，围压开始降低，当一直增加的轴向压力达到某一围压下煤样的承载能力，煤样失稳破坏，在破坏瞬间围压略微增大，此过程中加载方式为位移控制，围压继续减小直到目标值。在卸围压整个过程中，侧向应变持续减小。瓦斯压力越大，卸围压所产生的侧向变形越大。

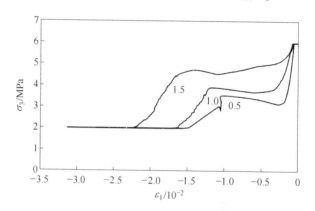

图 2-40　峰前加卸荷煤样围压与侧向应变的关系曲线

峰前加卸荷煤样的初始围压均为 6MPa。当瓦斯压力为 0.5MPa 时，煤样在围压为 3.15MPa 左右失稳破坏；当瓦斯压力为 1.0MPa 时，煤样在 3.74MPa 左右失稳破坏；当瓦斯压力为 1.5MPa 时，煤样在 4.54MPa 左右失稳破坏。在初始卸载围压相同、瓦斯压力不同的情况下，煤样破坏的难易程度也不一样。定义不同瓦斯压力下卸载破坏围压差 $\Delta\sigma_3$ 为始试围压相同的三轴卸载过程中由于瓦斯压力不同所导致煤样破坏的难易程度，其表达式为：

$$\Delta\sigma_3 = \sigma_{30} - \sigma_{31} \tag{2-15}$$

式中，σ_{30} 为卸载初始围压，MPa；σ_{31} 为由于瓦斯压力不同而导致的卸载破坏围压，MPa。

当瓦斯压力为 0.5MPa 时，煤样的卸载破坏围压差为 2.85MPa；当瓦斯压力为 1.0MPa 时，煤样的卸载破坏围压差为 2.26MPa；当瓦斯压力为

1.5MPa 时，煤样的卸载破坏围压差为 1.46MPa。可得：在初始围压相同的条件下，瓦斯压力越大，卸载破坏围压差越小，煤样越容易破坏。

瓦斯压力越大，卸载围压后煤样的侧向变形越大。在卸除围压过程中，煤样的侧向变形在围压与孔隙瓦斯压力的共同作用下进行。由于围压对煤样起束缚限制作用，而孔隙瓦斯压力对煤样的作用与围压作用刚好相反。当瓦斯压力越大，孔隙瓦斯压力对围压的束缚作用有减弱作用，导致侧向变形越大。围压与孔隙瓦斯压力对煤样的综合影响可以用有效围压 p_e 来表示：

$$p_e = \sigma_3 - \frac{p_1 + p_2}{2} \qquad (2\text{-}16)$$

式中，p_e 为煤样的有效围压，MPa；σ_3 为煤样的围压，MPa。

试验初始围压为 6.0MPa，当瓦斯压力为 0.5MPa 时，煤样的有效围压为 5.7MPa，煤样的卸载破坏围压差为 2.85MPa；当瓦斯压力为 1.0MPa 时，煤样的有效围压为 5.45MPa，煤样的卸载破坏围压差为 2.26MPa；当瓦斯压力为 1.5MPa 时，煤样的有效围压为 5.2MPa，煤样的卸载破坏围压差为 1.46MPa。如图 2-41 所示，煤样的有效围压越小，卸载破坏围压差越小，煤样越容易失稳破坏。

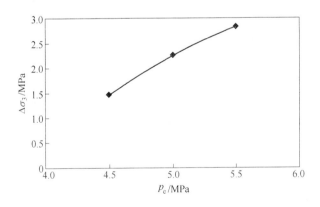

图 2-41 峰前加卸荷煤样卸载破坏围压差与有效围压的关系

2.4 常规加载及加卸荷条件下含瓦斯煤岩能量变化规律研究

深部开采煤层受到采动应力场作用导致采动裂隙场的变化，应力场和采动裂隙场的变化是一个时空演化过程。开挖扰动引起煤岩层的应力状态改变并重新分布，其应力-应变过程中累积的弹性应变能逐渐耗散并释放，过程保持能量的平衡。谢和平院士等[97]指出岩石变形破坏是能量耗散与能量释放的综合结果，建立了基于能量耗散的强度丧失准则和基于可释放能量的岩体整体破坏准则，并应用此准则分析了隧洞围岩发生整体破坏的临界条件。

目前，国内外学者对单轴、常规三轴压缩条件下的力学特性及能量耗散规律的理论和试验研究较多，谢和平等[98,99]从宏观上描述了损伤变量以及损伤能量释放率的变化规律，从细观损伤力学角度研究了岩石变形破坏过程中能量耗散的内在机制；指出从力学角度岩石的变形破坏过程是一个从局部耗散到局部破坏最终到整体灾变的过程，从热力学角度这一变形、破坏、灾变过程是一种能量耗散的不可逆过程。张志镇等[100]对单轴压缩下红砂岩能量演化的非线性特性进行了研究，通过对不同能量转化机制的非线性关系进行分析，建立了受载岩石能量转化随轴向应力的自我抑制演化模型。Yin Guangzhi 等[101]进行了三轴压缩条件下地应力场中含水率对渗透率的影响及应力、孔隙压力和温度对煤岩变形特性和渗流特性综合影响的试验研究。喻勇等[102]研究了花岗岩在三点弯曲断裂、劈裂拉伸、单轴抗压及三轴压缩等四种加载方式下的能耗特征，且得出三点弯曲断裂破坏的能耗最小。杨圣奇等[103,104]对单轴压缩及三轴压缩条件下岩样变形特性及能量特征进行了试验研究。刘天为等[105]通过大理岩在加载破坏各阶段的能量变化试验研究分析了能量变化与围压、应力、应变的内在联系。

煤岩的力学特性与不同应力路径条件有关，从能量角度出发，煤岩的变形破坏是能量耗散与能量释放的综合作用。在加卸荷条件下岩石的能量研究方面，尤明庆和华安增[106]通过三轴压缩降低围压实验得出岩样的失稳破坏与加载阶段储存的应变能释放有关，指出通过两种应力路径达到剪切破裂时实际吸收的能量与围压成相同的线性关系。朱泽奇等通过试验研究综合分析了花岗岩卸围压破坏过程的能量耗散规律及能量与岩样变形、围压之间的关系。张黎明等[107]对灰岩开展了单轴、常规三轴与峰前卸荷的试验研究并对比分析了不同应力路径下灰岩变形过程的能量变化特征。许国安等[35]利用MTS815试验机进行了砂岩的单轴、三轴压缩和三轴峰后卸围压试验，对比研究了砂岩在加卸荷试验条件下的能耗特征。鉴于对加卸荷条件下含瓦斯煤岩的能量变化研究较少，本书通过常规三轴加载及加卸荷条件下不同卸载位置含瓦斯煤的试验研究分析其不同加卸荷应力路径下含瓦斯煤变形破坏能量变化，该研究对煤岩动力灾害的控制与预防有重要的指导意义。

2.4.1 煤岩变形破坏能量分析

试验过程中以水浴循环方法保持温度恒定，则含瓦斯煤在常规加载及加卸荷条件下不同卸载位置的变形破坏过程中没有热交换，根据热力学第一定律，外力做功所产生的总能量为：

$$U = U_e + U_d \tag{2-17}$$

式中，U_e 为含瓦斯煤体单元弹性应变能，kJ/m^3；U_d 为含瓦斯煤体单元耗散能，kJ/m^3。

主应力空间中含瓦斯煤体单元 U、U_e 表达式为：

$$U = \int_0^{\varepsilon_1} \sigma_1 d\varepsilon_1 + \int_0^{\varepsilon_2} \sigma_2 d\varepsilon_2 + \int_0^{\varepsilon_3} \sigma_3 d\varepsilon_3 \tag{2-18}$$

$$U_e = \frac{1}{2}\sigma_1\varepsilon_{1e} + \frac{1}{2}\sigma_2\varepsilon_{2e} + \frac{1}{2}\sigma_3\varepsilon_{3e} \tag{2-19}$$

$$\varepsilon_{ie} = \frac{1}{E_i}\left[\sigma_i - \mu_i(\sigma_j + \sigma_k)\right] \tag{2-20}$$

式中，σ_1 为轴压，MPa；σ_2、σ_3 为围压，MPa；ε_1 为轴向应变；ε_2、ε_3 为径向应变；ε_{1e}、ε_{2e}、ε_{3e} 分别为轴向方向的弹性应变和径向方向的弹性应变。

常规三轴加载和三轴加卸荷试验中 $\sigma_2 = \sigma_3$，且产生的径向应变 $\varepsilon_2 = \varepsilon_3$，则式（2-18）表达为：

$$U = \int_0^{\varepsilon_1} \sigma_1 d\varepsilon_1 + 2\int_0^{\varepsilon_3} \sigma_3 d\varepsilon_3 \tag{2-21}$$

式（2-20）中径向弹性应变 ε_{3e} 可简化为轴向弹性应变和泊松比的关系，即：

$$\varepsilon_{3e} = -\mu_0\varepsilon_{1e} = -\frac{\mu_0\sigma_1}{E_0} \tag{2-22}$$

式中，E_0 为常规三轴加载或加卸荷条件下含瓦斯煤的弹性模量；μ_0 为常规三轴加载或加卸荷条件下含瓦斯煤的泊松比。

则 U_e 可表达为：

$$U_e = \frac{1}{2E_0}(\sigma_1^2 - 4\mu_0\sigma_1\sigma_3) \tag{2-23}$$

2.4.2 三轴单调加载能量变化规律研究

三轴单调加载条件下含瓦斯煤应力及各能量变化-轴向应变的关系曲线如

图2-42所示。压密阶段煤样中的孔隙裂隙结构面逐渐被压密，吸收的能量大部分以弹性应变能的形式储存起来，耗散能比较大，且耗散能增加速度大于弹性应变能增加速度；弹性变形阶段，煤体孔隙裂隙发育发展，弹性应变能与耗散能增加，此阶段耗散能增加速度小于弹性应变能增加速度，且随着轴向应力的增加弹性应变能所占总能量的比例逐渐增大；达到屈服阶段后，轴向应力增加达到峰值强度之前，弹性应变能仍然增加，其增加速度减缓，耗散能迅速增加且增加速度迅速；当达到峰值强度时，煤样储存的弹性应变能达到最大，煤样发生整体破坏，煤样吸收的能量一部分耗散于煤样宏观裂隙的扩展及整体破坏，且耗散能所占总能量比例逐渐大于弹性应变能所占比例；破坏后阶段，随着轴向应力的减小至残余强度弹性应变能逐渐减小，耗散能持续增加，轴向应力减小时耗散能增加速度较快，至残余强度时耗散能增加速度相对减小。三轴单调加载条件下整个应力-应变过程中弹性应变能的变化趋势与轴向应力的变化趋势相对应。耗散能和总能量随着轴向应变的增加持续增加，在不同的阶段增加的速率不同。

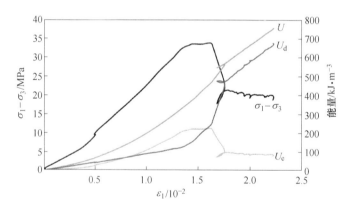

图2-42　三轴单调加载条件下含瓦斯煤能量变化曲线

2.4.3　不同初始应力状态条件下加卸荷能量变化规律研究

加卸荷条件下含瓦斯煤在轴向应力分别为7MPa、12MPa、17MPa时进行围压的卸载，即在主应力差 $\sigma_1-\sigma_3$ 为0MPa、5MPa、10MPa时卸载围压，三种应力路径下主应力差-轴向应变曲线及能量-轴向应变曲线见图2-43～图2-45。从图中可以看出，加卸荷条件下含瓦斯煤在不同初始应力状态能量变化曲线与三轴加载能量变化曲线基本相似，区别在于不同初始应力状态条件下含瓦斯煤体单元的总能量、弹性应变能、耗散能不同及在围压卸载过程中耗散能变化量不同。卸载位置为轴向应力 7MPa 时，煤样处于压密阶段，卸载过程煤体单元耗散能变化量为 5.44kJ/m³；当 12MPa 加卸荷时，煤样处于弹性阶段，卸载过程煤体单元耗散能变化量为 10.39kJ/m³，煤体孔隙裂隙稳定发展，其耗散能变化量相对 7MPa 卸载时较大；当 17MPa 加卸荷时，煤样处于弹性阶段后期甚至屈服阶段，卸载过程煤体单元耗散能变化量为 56.44kJ/m³，此阶段孔隙裂隙发育发展并逐渐扩展贯通，耗散能变化量最大。即不同卸载位置轴向应力越大，卸载过程耗散能变化量越大。加卸荷条件下 7MPa、12MPa、17MPa 卸载时含瓦斯煤煤样分别在轴向应变为 1.306%、1.332%、1.758% 时失稳破坏，随着卸载位置轴向应力的增加，卸载过程煤样的耗散能变化量越大，破坏时的轴向应变和主应力差越小。

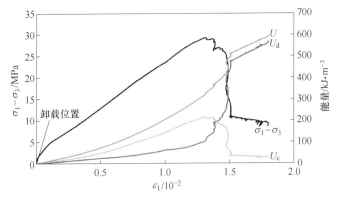

图 2-43　$\sigma_1 = 7$MPa 加卸荷条件下含瓦斯煤能量变化曲线

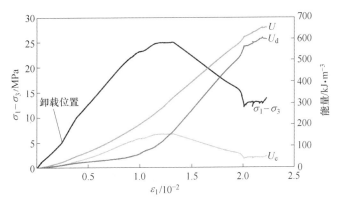

图 2-44　$\sigma_1 = 12$MPa 加卸荷条件下含瓦斯煤能量变化曲线

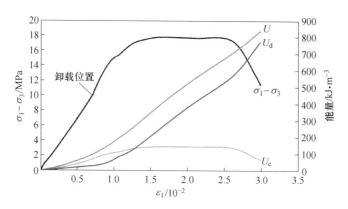

图 2-45　$\sigma_1 = 17\text{MPa}$ 加卸荷条件下含瓦斯煤能量变化曲线

　　加卸荷条件下不同初始应力状态含瓦斯煤能量变化与径向应变的关系曲线如图 2-46 所示。7MPa 加卸荷煤样于径向应变为 -0.506% 时破坏，煤体单元弹性应变能、单元耗散能、单元吸收总能量分别为 215.67kJ/m³、101.94kJ/m³、317.61kJ/m³，单元弹性应变能和单元耗散能分别占单元吸收总能量的 67.9% 和 32.1%；12MPa 加卸荷煤样于径向应变为 -0.617% 时破坏，煤体单元弹性应变能、单元耗散能、单元吸收总能量分别为 156.44kJ/m³、172.89kJ/m³ 和 329.33kJ/m³，单元弹性应变能和单元耗散能分别占单元吸收总能量的 47.5% 和 52.5%；17MPa 加卸荷煤样于径向应变为 -1.433% 时破坏，煤体单元弹性应变能、单元耗散能、单元吸收总能量分别为 143.38kJ/m³、295.94kJ/m³ 和 439.32kJ/m³，单元弹性应变能和单元耗散能分别占单元吸收总能量的 32.64% 和 67.36%。随着卸载位置轴向应力的增

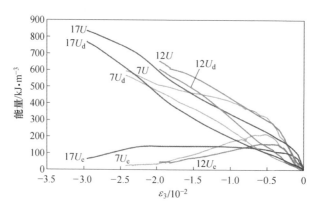

图 2-46　加卸荷条件下含瓦斯煤体单元能量变化与径向应变的关系曲线

大，煤样破坏时的径向应变绝对值越大，单元弹性应变能所占吸收总能量的比例逐渐减小，单元耗散能所占比例逐渐增大，且煤样失稳破坏时单元弹性应变能逐渐减少，单元耗散能增加，单元吸收总能量增加。随着卸载位置轴向应力的增大，用于煤体内孔隙裂隙发育发展甚至扩展为贯通裂隙的耗散能增大，因此单元耗散能和单元总能量增加。

图 2-47 为加卸荷条件下不同初始应力状态含瓦斯煤体单元总能量变化与体积应变的关系曲线，可以看出在不同应力路径条件下煤样扩容前后总能量变化随体积应变增加的斜率不同，煤体单元总能量首先随着体积应变的增加缓慢增加后随着体积应变的减小先迅速增加后增加速度减缓。在体积应变增加阶段，7MPa 加卸荷煤样单元总能量增加的斜率最大，12MPa 加卸荷的斜率次之，17MPa 加卸荷的斜率最小，因为 7MPa 加卸荷时进行了围压卸载过程使煤样的径向应变变化较大，径向应变对液压油做功较大，单元总能量较大；12MPa 加卸荷时煤样首先在静水压力保持轴向加载而围压保持不变，总能量增加缓慢开始卸载后总能量变化加快，但其斜率小于 7MPa 加卸荷；17MPa 加卸荷煤样在体积应变增加阶段还未进行卸载，总能量增加斜率较 7MPa 和 12MPa 加卸荷最慢。煤样体积应变由增大变减小的瞬间即煤样开始扩容时，随着体积应变的减小，7MPa 加卸荷煤样单元总能量增加的速度缓慢，12MPa 加卸荷煤样单元总能量增加的速度较 7MPa 快，17MPa 加卸荷煤样增加速度最快。

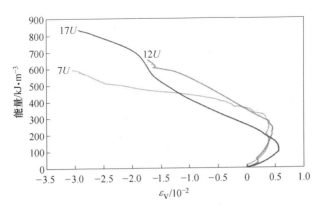

图 2-47　加卸荷条件下含瓦斯煤体单元总能量变化与体积应变的关系曲线

加卸荷条件下不同初始应力状态含瓦斯煤体单元总能量变化与主应力差的关系曲线如图 2-48 所示，7MPa、12MPa、17MPa 卸载时含瓦斯煤总能量首先随着主应力差的增加缓慢上升后随着主应力差的减小迅速上升。随着卸载位置轴向应力的增加，煤样破坏时对应的主应力差越小，破坏时的总能量越大，7MPa 卸载和 12MPa 卸载煤样基本处于弹性变形阶段，转化为弹性应变能比较多，而 17MPa 卸载煤样处于弹性阶段后期并进入屈服阶段，煤样孔隙裂隙扩展并贯通，体积迅速增大，煤样横向扩容对液压油做负功，耗散能比较大，其总能量急剧增加，加卸荷条件下不同卸载位置煤样屈服后总能量迅速增加，屈服后总能量-主应力差关系曲线的斜率远远大于屈服前的斜率，且卸载位置轴向应力越大，屈服后总能量增加的速度越快。

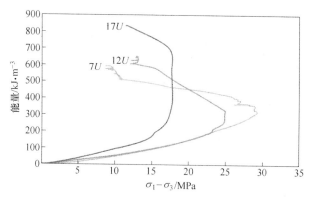

图 2-48　加卸荷条件下含瓦斯煤体单元总能量变化与主应力差的关系曲线

　　加卸荷条件下不同初始应力状态煤样围压卸载过程中单元总能量与单元耗散能与围压的关系见图 2-49。在围压由 7MPa 卸载到 4.5MPa 过程中，7MPa 加卸荷煤样的单元总能量与单元耗散能由 0 分别增加到 16.677kJ/m^3 和 5.437kJ/m^3；12MPa 加卸荷煤样的单元总能量与单元耗散能分别由 27.199kJ/m^3 和 14.032kJ/m^3 增加到 57.327kJ/m^3 和 24.696kJ/m^3，单元总能量与单元耗散能分别增加了 30.128kJ/m^3 和 10.664kJ/m^3；17MPa 加卸荷煤样的单元总能量与单元耗散能分别由 96.892kJ/m^3 和 27.688kJ/m^3 增加到 195.747kJ/m^3 和 84.443kJ/m^3，单元总能量与单元耗散能分别增加了 98.855kJ/m^3 和 56.755kJ/m^3。围压卸载过程中，随着卸载位置轴向压力的增加，单元总能量与单元耗散能增加量越大，且单元耗散能增加量分别占单元总能量增加量的 32.60%、35.40%、57.41%，说明随着围压卸载的进行，煤样内部孔隙、裂隙发展导致扩散能增加，而且卸载位置轴向压力越高，内部孔隙、裂隙越发育，更加促进了单元耗散能的增加。

　　由此可知，当加卸荷条件下卸载位置轴向压力较高时，煤岩层积聚的能

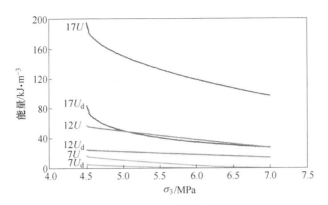

图 2-49　加卸荷条件下围压卸载过程中含瓦斯煤体单元能量变化曲线

量较高，深部开采原岩应力及采动应力高于浅部开采，煤层的开挖表现为轴压加载和围压卸载的综合作用，当煤岩层发生失稳破坏时耗散能量较大，会发生严重的煤岩动力灾害现象，因此要对开采煤岩层的能量进行控制及提出预防措施。

2.5　本章小结

　　根据采动应力影响下煤岩的应力路径，开展了不同加卸荷应力路径条件下（常规三维加载与加卸荷、不同初始围压加卸荷、不同瓦斯压力加卸荷、不同初始应力状态加卸荷、不同围压卸载速度加卸荷、不同瓦斯压力峰前加卸荷）含瓦斯煤岩的力学特性及渗流特性试验，并对三轴加载和加卸荷条件下不同初始应力状态含瓦斯煤变形破坏过程中能量变化与应变、主应力差的关系及围压卸载过程能量变化进行分析。

3 常规三轴不同开采条件下煤岩力学与渗流特性试验研究

3.1 概述

采动影响下煤层应力发生重新分布,在工作面前方形成支承压力分布。在煤层开挖方向造成应力释放,在垂直于煤层开挖方向造成局部应力集中,最大支承压力为 $K\gamma H$,K 为应力集中系数,如图 3-1 所示。当煤层所受应力场改变后,煤层力学结构发生变化,煤层变形和瓦斯渗流场随之改变,导致煤层的力学及渗流特性改变。

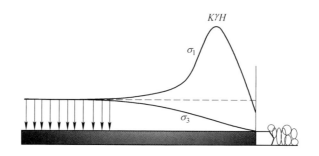

图 3-1 工作面前方支承压力分布规律

煤矿井下煤层的开采是一个时空演化过程,当采用不同的开采方式进行煤层的开采时,支承压力分布规律各不相同,尤其是峰值大小、峰值点位置随开采条件的不同而变化。工作面附近煤岩都经历了从原岩应力、轴向应力 σ_1 增加的同时围压 σ_3 减小到破坏失稳的完整的采动力学演化过程,当开采方式分别为保护层开采、放顶煤开采及无煤柱开采时,轴向应力 σ_1 增加的同时围压 σ_3 减小阶段其轴向应力增加的速度和围压减小的速度不同,导致煤岩承载强度不同,应力集中系数 K 值不同,煤岩体内部结构及力学性质均发生变化,从而使渗透率变化规律随之改变。因此对不同开采条件下含瓦斯煤的力学及渗流特性进行研究。

3.2 实验系统

为了实现不同开采条件下含瓦斯煤采动力学条件的实验室模拟，且试验条件更接近深部开采实际，重庆大学煤矿灾害动力学与控制国家重点实验室研制了"多场多相耦合下多孔介质压裂-渗流实验系统"，实验系统见图3-2。

图3-2　多场多相耦合下多孔介质压裂-渗流实验系统

3.2.1　系统功能

多场多相耦合下多孔介质压裂-渗流实验系统可进行以下试验研究：（1）不同地应力、不同瓦斯压力、不同温度等状态下动静态加卸荷条件下多孔介质力学特性和渗流规律试验；（2）模拟多孔介质在不同地应力、不同水压、不同温度条件下的水力压裂状态，并可精确测得压裂过程中岩心的应力、变形的变化情况；（3）不同地应力、不同流体压力、不同温度等状态下动静态加卸荷条件下多孔介质水、气等多相流体的渗流试验，并测定水气相对渗透率。

3.2.2　实验系统的技术参数

（1）试件尺寸：$\phi 50mm \times 100mm$，$\phi 100mm \times 200mm$；

（2）最大轴向应力：1000kN；

（3）最大围压：60MPa；

（4）最大气体压力：6MPa；

（5）水、气路最大密封压力：20MPa；

（6）轴向力值精度范围：示值±1%；

（7）围压值精度范围：示值±1%；

（8）气体压力精度范围：示值±1%；

（9）抽真空度：10Pa；

（10）温度控制范围：0~110℃；

（11）温度精度范围：示值±0.1℃；

（12）轴向力控制方式：负荷、位移闭环控制，可进行无冲击转换。

3.3　不同开采条件下煤岩采动力学应力路径的确定

随着工作面的推进，工作面前方支承压力峰值不断前移，改变了煤体内部结构并导致其力学性质发生变化，进而使孔隙率及透气性发生变化，对煤层瓦斯运移时空演化规律有重要影响。选取三种典型工作面开采方式（无煤柱开采、放顶煤开采与保护层开采）对其采动应力进行分析。

不同开采条件下煤层工作面前方支承压力分布规律与煤层、顶底板性质、开采深度等密切相关。当煤层与顶底板性质、开采深度等条件相同时，无煤柱开采、放顶煤开采及保护层开采条件下支承压力分布规律各不相同，具体表现在支承压力峰值大小、峰值点位置以及支承压力分布范围等的不同。无煤柱开采由于减少了煤柱对顶板的有效支撑，导致其支承压力有所增加，其应力集中系数较放顶煤与保护层开采明显偏大；放顶煤开采一次性开采高度比较大，对顶板扰动范围较大，相对保护层开采而言，放顶煤开采引起的支承压力分布范围大、峰值点位置前移，且支承压力峰值有所增加；保护层开采对被保护层起卸压保护作用，使其支承压力峰值相对无煤柱开采和放顶煤开采较小，支承压力分布范围也不同。

根据谢和平院士[108]提出的不同开采条件下煤层工作面前方煤岩体经历了从原岩应力、垂直应力升高而水平应力降低到卸载破坏的完整过程，而这才是煤岩体所处的采动力学应力条件。通过加载轴向应力的同时卸载围压的方式来模拟工作面前方垂直应力升高和水平应力降低的变化。图3-3为不同开采条件下工作面前方采动力学条件，假设三种开采条件下煤层与顶底板性质、开采深度等条件相同，具体采动力学表现为：工作面前方煤岩体首先处于三向等压静水压力水平 $\sigma_1 = \sigma_2 = \sigma_3 = \gamma H$，即 A 点。随着工作面的不断推进，煤岩体轴向应力加载的同时围压卸载直至煤岩体失稳破坏，轴压加载的同时卸载围压的过程可以分为两个阶段：首先以轴向应力增加与围压减小的比值大于 1 的加载轴压与卸载围压到 B 点，此时 $\sigma_1 = 1.5\gamma H$，$\sigma_2 = \sigma_3 = 0.6\gamma H$；然后根据无煤柱开采、放顶煤开采与保护层开采对煤层的开采扰动情况，分别以轴向应力增加与围压减小的不同比值加载轴压与卸载围压到 C 点，此时，针对不同的开采条件无煤柱开采、放顶煤开采、保护层开采，煤岩体的峰值应力分别为 $\sigma_{1w} = K_w\gamma H$、$\sigma_{1f} = K_f\gamma H$、$\sigma_{1b} = K_b\gamma H$，且不同开采方式条件下对应的围压也不同：$K_w$、$K_f$、$K_b$ 分别为无煤柱开采、放顶煤开采、保护层开采三种开采条件下处于峰值应力时煤岩体的应力集中系数。

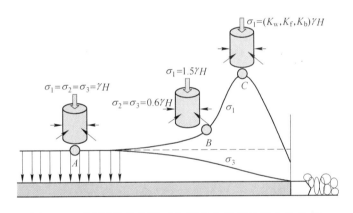

图 3-3　不同开采条件下工作面前方煤岩采动力学条件

　　针对不同开采条件下工作面前方煤岩体采动力学应力路径，同时为了比较不同开采条件下含瓦斯与不含瓦斯煤岩体采动力学特性的不同及其与常规加载条件下力学、渗流特性的不同，设计了以下煤岩体的采动力学条件试验方案：

　　方案 1（常规加载条件下）：首先以力控制方式 0.025MPa/s 的速度施加轴压和 0.02MPa/s 的速度之间围压至静水压力水平（$\sigma_1 = \sigma_3 = 15$MPa），然后从静水压力水平开始以位移控制方式 0.2mm/min 的速度持续施加轴向压力直至煤样的残余强度保持基本稳定，全过程围压保持不变，并对应力-应变全过程中煤样的流量进行测定。

　　方案 2（不同开采条件下含瓦斯煤）：首先分别以力控制方式

0.025MPa/s 的速度施加轴压和 0.02MPa/s 的速度施加围压至静水压力水平（$\sigma_1 = \sigma_3 = 15$MPa），瓦斯压力 $p = 4$MPa，然后从静水压力水平开始分别以力控制方式 0.025MPa/s 的速度施加轴向压力至轴压目标值 22.5MPa，同时以 0.02MPa/s 的速度卸载围压至围压目标值 4.5MPa，再以力控制方式 0.075MPa/s、0.05MPa/s 和 0.025MPa/s 的速度分别施加轴向压力至轴压目标值 45MPa、37.5MPa 和 30MPa，同时以 0.02MPa/s 的速度卸载围压至围压目标值 5MPa，煤样失稳破坏后转换为位移控制方式 0.1mm/min 的速度进行加载，直到煤样的残余强度保持基本稳定，同时测定煤样的流量。

方案 3（不同开采条件下不含瓦斯煤）：首先分别以力控制方式 0.025MPa/s 的速度施加轴压和 0.02MPa/s 的速度施加围压至静水压力水平（$\sigma_1 = \sigma_3 = 15$MPa），然后从静水压力水平开始分别以力控制方式 0.025MPa/s 的速度施加轴向压力至轴压目标值 22.5MPa，同时以 0.01MPa/s 的速度卸载围压至围压目标值 4.5MPa，再以力控制方式 0.075MPa/s、0.05MPa/s 和 0.025MPa/s 的速度分别施加轴向压力至轴压目标值 45MPa、37.5MPa 和 30MPa，同时以 0.02MPa/s 的速度卸载围压至围压目标值 5MPa，煤样失稳破坏后转换为位移控制方式 0.1mm/min 的速度进行加载，直到煤样的残余强度保持基本稳定。

根据无煤柱开采、放顶煤开采、保护层开采三种开采条件下煤岩体的采动力学条件，不同开采条件下工作面前方煤岩体采动力学应力路径如图 3-4 所示。

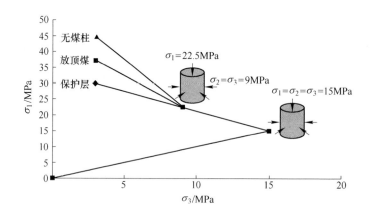

图 3-4　不同开采条件下工作面前方采动力学应力路径图

3.4 不同开采条件下煤岩力学与渗流特性试验结果及分析

3.4.1 不同开采条件下含瓦斯煤力学与渗流特性试验研究

为了与不同开采条件下含瓦斯煤的力学特性及渗流特性进行对比，首先进行了未考虑煤层采动影响的常规加载条件下（围压 $\sigma_3 = 15\text{MPa}$、瓦斯压力 $p = 4\text{MPa}$）含瓦斯煤的力学与渗流特性的试验研究，然后进行了无煤柱开采、放顶煤开采、保护层开采三种不同开采条件下（围压 $\sigma_3 = 15\text{MPa}$、瓦斯压力 $p = 4\text{MPa}$）含瓦斯煤的力学与渗流特性的试验研究。常规加载条件与无煤柱开采、放顶煤开采、保护层开采三种不同开采条件下含瓦斯煤的偏应力与应变的关系曲线如图 3-5 所示。

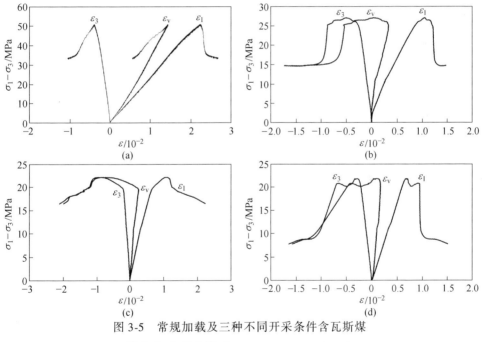

图 3-5 常规加载及三种不同开采条件含瓦斯煤
偏应力-应变曲线（$\sigma_3 = 15\text{MPa}$，$p = 4\text{MPa}$）
（a）常规加载；（b）无煤柱开采；（c）放顶煤开采；（d）保护层开采

由未考虑采动影响的常规加载条件下及不同开采条件下含瓦斯煤的偏应力-应变曲线看出，常规加载条件含瓦斯煤的峰值强度远远大于开采条件下含瓦斯煤的峰值强度，三种开采条件下含瓦斯煤破坏时的峰值强度规律为：无煤柱开采条件含瓦斯煤的峰值强度最大，为 33.87MPa；放顶煤开采条件含瓦斯煤的峰值强度次之，为 29.22MPa；保护层开采条件含瓦斯煤的峰值强度最小，为 27.53MPa；放顶煤开采和保护层开采含瓦斯煤的峰值强度较无煤柱开采分别减小了 13.73% 和 18.72%。

　　常规加载条件与无煤柱开采、放顶煤开采、保护层开采三种不同开采条件下含瓦斯煤偏应力-轴向应变及渗透率-轴向应变曲线见图 3-6。由图 3-6 可以看出，不同开采条件下含瓦斯煤的渗透率与轴向应变的关系曲线和偏应力与轴向应变的关系曲线有较好的对应关系，当煤样处于压密阶段及弹性阶段时，此时轴向应力加载速率大于围压卸载速率，轴向应力加载导致煤样内部结构压密的作用大于围压卸载导致煤样内部结构扩张的作用，而且煤样孔隙率小、渗透率低，三种开采条件下煤样在此阶段的渗透率为 0；当煤样处于屈服阶段及失稳破坏后阶段时，煤样渗透率迅速增加，此时轴向应力加载速率大于围压卸载速率，轴向应力加载导致煤样内部结构压密的作用小于围压卸载导致煤样内部结构扩张的作用，而且由于围压卸载导致煤样内结构累计

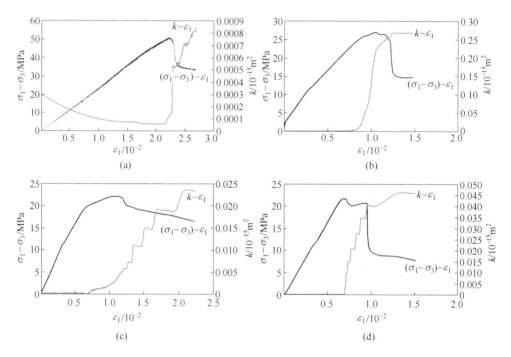

图 3-6　常规加载及三种不同开采条件含瓦斯煤偏应力-
轴向应变及渗透率-轴向应变曲线 ($\sigma_3 = 15$MPa, $p = 4$MPa)

（a）常规加载；（b）无煤柱开采；（c）放顶煤开采；（d）保护层开采

损伤较大，孔隙裂隙发育发展，使得瓦斯流通通道拓宽且渗透率增加。无煤柱开采条件下含瓦斯煤渗透率增加量为 $0.268 \times 10^{-15} \, \mathrm{m}^2$，放顶煤开采条件下渗透率增加量为 $0.023 \times 10^{-15} \, \mathrm{m}^2$，保护层开采条件下渗透率增加量为 $0.046 \times 10^{-15} \, \mathrm{m}^2$，与常规加载条件下含瓦斯煤渗透率增加量 $0.000834 \times 10^{-15} \, \mathrm{m}^2$ 相比，三种开采条件下渗透率分别增加了 321.3 倍、27.6 倍和 55.2 倍，说明采动条件下的加卸荷应力路径更符合煤矿井下现场开采实际。

常规加载及不同开采条件下峰值应力时含瓦斯煤的轴向应力、围压、轴向应变、径向应变、体积应变及对应的应力集中系数等参数见表 3-1。无煤柱开采、放顶煤开采、保护层开采三种开采条件下应力集中系数依次减小，分别为 2.26、1.95 和 1.84，放顶煤开采和保护层开采的应力集中系数相对无煤柱开采分别减小了 13.71% 和 18.58%。谢和平院士[108]提出的不同开采条件下应力集中系数分别为：无煤柱开采 $2.5 \sim 3.0$、放顶煤开采 $2.0 \sim 2.5$ 和保护层开采 $1.5 \sim 2.0$，通过 MTS 力学试验测得三种条件下应力集中系数分别为 2.8288、2.4944 和 2.0320，均大于本试验的应力集中系数，进行含瓦斯煤的采动力学试验时，瓦斯压力 $p = 4 \, \mathrm{MPa}$，瓦斯压力的作用弱化了煤样的内部结构使其强度降低。

表 3-1 常规加载及不同开采条件下含瓦斯煤峰值应力对应参数

试件编号	开采方式	瓦斯压力 p/MPa	轴压加载速率 $/\mathrm{MPa} \cdot \mathrm{s}^{-1}$	围压卸载速率 $/\mathrm{MPa} \cdot \mathrm{s}^{-1}$	峰值应力时参数					对应应力集中系数
					轴向应力 σ_1/MPa	围压 σ_3/MPa	轴向应变 $/10^{-2}$	径向应变 $/10^{-2}$	体积应变 $/10^{-2}$	
SC-1	—	4	—	—	65.27	15	2.178	−0.376	1.426	—
SC-2	无煤柱	4	0.075	0.02	33.87	6.81	1.053	−0.511	0.031	2.26
SC-3	放顶煤	4	0.05	0.02	29.22	7.05	1.067	−0.872	−0.678	1.95
SC-4	保护层	4	0.025	0.02	27.53	5.76	0.686	−0.291	0.105	1.84

3.4.2 不同开采条件下不含瓦斯原煤力学特性试验研究

无煤柱开采、放顶煤开采、保护层开采三种不同开采条件下（围压 $\sigma_3 =$

15MPa）不含瓦斯原煤的偏应力与应变的关系曲线见图 3-7。三种开采条件下不含瓦斯原煤的峰值强度规律与含瓦斯煤的峰值强度规律相同，即无煤柱开采、放顶煤开采、保护层开采原煤破坏的峰值强度依次减小，无煤柱开采条件原煤的峰值强度为 40.54MPa，放顶煤开采条件原煤的峰值强度为 37.50MPa，保护层开采条件原煤的峰值强度为 31.02MPa；相比瓦斯压力为 4MPa 时三种开采条件煤样的峰值强度均有不同程度的增加，其强度分别增大了 19.69%、28.34% 和 12.68%。三种开采条件下不含瓦斯原煤达到峰值应力时，对应的围压和轴向应变均减小，相对无煤柱开采，放顶煤开采和保护层开采煤样破坏时的轴向应变分别减小了 10.47% 和 13.56%。放顶煤开采和保护层开采原煤破坏时对应的体积膨胀量较无煤柱开采分别增大了 125.88% 和 278.82%。

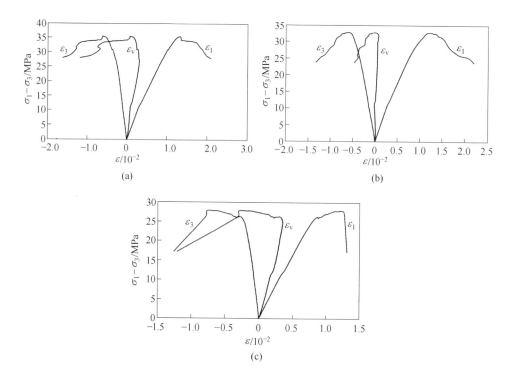

图 3-7 不同开采条件下不含瓦斯原煤偏应力-应变曲线（$\sigma_3 = 15$MPa）

（a）无煤柱开采；（b）放顶煤开采；（c）保护层开采

不同开采条件下峰值应力时不含瓦斯原煤的轴向应力、围压、轴向应变、径向应变、体积应变及对应的应力集中系数等参数见表 3-2。

表 3-2 不同开采条件下不含瓦斯原煤峰值应力对应参数

试件编号	开采方式	轴压加载速率/MPa·s⁻¹	围压卸载速率/MPa·s⁻¹	峰值应力时参数					对应应力集中系数
				轴向应力 σ_1/MPa	围压 σ_3/MPa	轴向应变 /10⁻²	径向应变 /10⁻²	体积应变 /10⁻²	
SW-1	无煤柱	0.075	0.02	40.54	5.09	1.327	−0.621	0.085	2.70
SW-2	放顶煤	0.05	0.02	37.50	4.69	1.188	−0.605	−0.022	2.50
SW-3	保护层	0.025	0.02	31.02	3.15	1.147	−0.649	−0.152	2.07

不含瓦斯原煤在无煤柱开采、放顶煤开采、保护层开采三种开采条件下应力集中系数依次减小，分别为 2.70、2.50 和 2.07，符合谢和平院士提出的不同开采条件下应力集中系数范围：无煤柱开采 2.5~3.0、放顶煤开采 2.0~2.5 和保护层开采 1.5~2.0，且与试验得到不含瓦斯原煤破坏时的应力集中系数比较接近。放顶煤开采和保护层开采原煤破坏时对应的应力集中系数相对无煤柱开采分别减小了 7.41% 和 23.33%。三种开采条件下不含瓦斯原煤破坏时对应的应力集中系数相对含瓦斯煤的应力集中系数分别增大了 19.47%、28.21% 和 12.5%。

3.5 本章小结

采动影响下煤层应力发生重新分布，在工作面前方形成支承压力分布。当开采方式分别为保护层开采、放顶煤开采及无煤柱开采时，轴向应力 σ_1 增加的同时围压 σ_3 减小阶段其轴向应力增加的速度和围压减小的速度不同，导致煤岩承载强度不同，应力集中系数 K 值不同，煤岩体内部结构及力学性质均发生变化，从而使渗透率变化规律随之改变。利用"多场多相耦合下多孔介质压裂-渗流实验系统"，对不同开采条件下含瓦斯煤及不含瓦斯煤的力学及渗流特性进行研究，得到如下主要结论：

（1）通过对不同开采条件下工作面前方支承压力分布规律进行分析，得出三种开采条件下应力集中系数的范围，通过加载轴向应力的同时卸载围压的方式来模拟工作面前方垂直应力升高和水平应力降低的变化，轴向应力 σ_1 增加的同时围压 σ_3 减小阶段其轴向应力增加的速度和围压减小的速度不同来模拟不同开采条件，确定不同开采条件煤岩体的采动力学应力路径。

（2）常规加载条件含瓦斯煤的峰值强度远远大于开采条件下含瓦斯煤的

峰值强度，无煤柱开采、放顶煤开采、保护层开采三种开采条件下含瓦斯煤的峰值强度依次降低，瓦斯压力的作用弱化了煤样的内部结构使其强度降低。

（3）不同开采条件下含瓦斯煤的渗透率与轴向应变的关系曲线和偏应力与轴向应变的关系曲线有较好的对应关系，在渗透率增加阶段三种开采条件下渗透率增加量为未考虑采动影响的常规加载条件下渗透率增加量的数十倍至数百倍，说明采动条件下的加卸荷应力路径更符合煤矿井下现场开采实际。

（4）三种开采条件下不含瓦斯原煤的峰值强度规律与含瓦斯煤的峰值强度规律相同，即无煤柱开采、放顶煤开采、保护层开采原煤破坏的峰值强度依次减小。

4 真三轴不同开采条件下大尺度煤岩力学与渗流特性研究

瓦斯在煤岩介质中的渗透性随时空发生动态演化，其过程中由于煤岩的尺度不同有差异[109]，井下煤岩处于地应力、采动应力、瓦斯、温度、水等复杂的力学环境，如何能选取较为合理的具有代表性的煤岩试件并使其能够真实反映出现场煤岩的变形破坏是值得研究的问题。常规尺度为 ϕ50mm×100mm，国内外学者对常规尺度煤岩试件的渗透率变化规律研究较多，对真三轴状态大尺度煤岩的力学及渗透特性研究较少，因此，基于"多场耦合煤矿动力灾害大型模拟试验系统"，进行了不同瓦斯压力条件下常规加载及三种不同开采方式真三轴状态大尺度煤岩的渗流实验研究，试件箱煤样的尺寸为长1050mm×宽410mm×高410mm，无煤柱开采、放顶煤开采及保护层开采条件下大尺度煤岩的采动力学应力路径如图4-1所示。

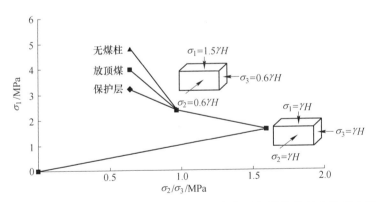

图 4-1 不同开采条件下工作面前方真三轴状态大尺度煤岩采动力学应力路径图

4.1 实验装置

试验采用重庆大学煤矿灾害动力学与控制国家重点实验室的"多场耦合煤矿动力灾害大型模拟试验系统"，如图4-2所示。系统结构主要包括主体承载支架、试件箱体、快速推拉密封门、伺服加载系统、数据采集系统和其他附属设备等。该试验系统可以真实模拟地下开挖过程中煤岩体内地应力分布状况的原则，设计了多向多级的加载方式，并采用全时空方位的数据采集系统。

图 4-2   多场耦合煤矿动灾害大型模拟试验系统

大尺度煤岩试件箱如图 4-3 所示。为了实现对试件箱体内部大尺度煤岩体的应力加载，试件箱上部和右方分别设计 4 组压杆并可以实现 4 级加载方式，后方设计一组压杆，具体为：水平 X 方向和垂直 Z 方向分别设计 4 个 1000kN 加载缸分布在试件箱的上面和侧面，水平 Y 方向设计一个 2000kN 液压缸分布在试件箱的后面，最终可实现大尺度煤岩真三轴状态的"三向四级"加载。

图 4-3   大尺度煤岩试件箱实物图

由于实验中煤岩尺度为长 1050mm×宽 410mm×高 410mm，大尺度煤岩试件难以加工因此初步用粒径为 40~60 目的煤粉加适量的水在 5000kN 成型压力机上进行成型，成型压力机见图 4-4。

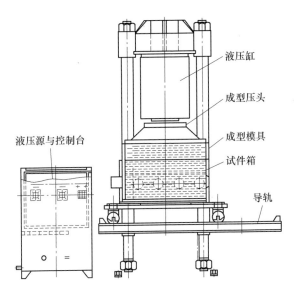

图 4-4 5000kN 成型压力机

该试验系统的技术参数为：

（1）试样尺寸（长×宽×高）：1050mm×410mm×410mm；

（2）控制通道数：9 通道；

（3）控制方式：力、位移全闭环控制，力、位移自编程控制模式；

（4）测力精度：±0.5%；

（5）位移测量精度：0.1mm；

（6）多通道（64 路）数据采集系统；

（7）成型压机最大压力：5000kN；

（8）成型压机最大行程：350mm；

（9）成型压机液压站流量：10L/min；

（10）旋转起吊装置最大起吊质量：1500kg；

（11）垂直加载应力：10MPa（4 个 1000kN 液压缸）；

（12）水平加载应力：10MPa（4 个 1000kN 液压缸和 1 个 2000kN 液压缸）；

（13）活塞行程：1000kN 液压缸行程为 100mm，2000kN 液压缸行程为 150mm，300kN 液压缸行程为 50mm；

（14）活塞移动速度：1000kN 液压缸：0～100mm/min，2000kN 液压缸：0～100mm/min，300kN 压门液压缸：0～300mm/min；

（15）系统满载荷变形：<0.1mm；

（16）活塞移动速度误差：0.1mm；

（17）控制精度：0.01%F.S；

（18）试件容器密封气压：6.0MPa。

自主设计的多场耦合煤矿动力灾害大型模拟试验系统可以物理模拟不同三维地应力状态、不同气体赋存条件下、不同煤岩层特性、不同的地质环境、不同突出口径时的煤与瓦斯突出过程，并具以下优点：

（1）设计尺寸为 1050mm×410mm×410mm，模拟气体压力最高可达6.0MPa，这些确保了实验室能够更好地模拟煤矿工程现场；

（2）全过程安装自动化程度很高，突出口和密封门设计很大程度上解决了开门延迟问题；

（3）所设计的三向四级的加载方式能够更真实地模拟出采面由于采矿活动造成的局部应力集中；

（4）最高 64 路数据采集系统可同时采集煤岩体内部的应力及温度数据，实现对煤矿动力灾害过程中参数时空变化规律的研究；

（5）该试验系统也可进行冲击地压灾害模拟测试和煤矿开采过程中煤岩层应力变化模拟；

（6）该试验系统可进行常规加载及不同开采条件下大尺度煤岩在不同瓦斯压力及不同围压条件下的力学及渗流特性的试验研究。

4.2　真三轴加载条件下大尺度煤岩力学与渗流特性研究

常规加载条件真三轴状态下大尺度煤岩的三向应力加载分为三个阶段，如图 4-5 所示。首先以力控制方式 0.01MPa/s 的速度加载至三向应力状态 $\sigma_1 = \sigma_2 = \sigma_3 = \gamma H = 1.6$MPa，施加瓦斯压力，瓦斯压力 p 分别为 0.2MPa、0.3MPa 和 0.4MPa，然后开始三向应力加载的三个阶段，具体为：

第一阶段：轴向应力（Z 向）由 $\sigma_1 = \gamma H = 1.6$MPa 以力控制方式 0.01MPa/s 的速度加载到 $\sigma_1 = 1.5\gamma H = 2.4$MPa；水平应力（$X$ 向和 Y 向）保持恒定 $\sigma_2 = \sigma_3 = \gamma H = 1.6$MPa。

第二阶段：轴向应力（Z 向）由 $\sigma_1 = 1.5\gamma H = 2.4$MPa 以力控制方式

0.03MPa/s 的速度加载到 $\sigma_1 = 3\gamma H = 4.8$MPa；水平应力（$X$ 向和 Y 向）保持恒定 $\sigma_2 = \sigma_3 = \gamma H = 1.6$MPa。

第三阶段：轴向应力（Z 向）由 $\sigma_1 = 3\gamma H = 4.8$MPa 以力控制方式 0.025MPa/s 的速度加载到 $\sigma_1 = 2.4\gamma H = 3.84$MPa，并保持一段时间，水平应力（$X$ 向和 Y 向）保持恒定 $\sigma_2 = \sigma_3 = \gamma H = 1.6$MPa。

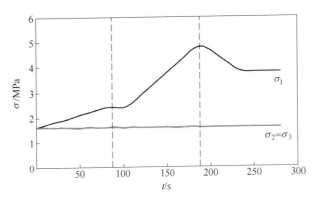

图 4-5　常规加载条件下真三轴状态下大尺度煤岩三向应力加载曲线

瓦斯压力 p 分别为 0.2MPa、0.3MPa 和 0.4MPa 时常规加载条件真三轴状态下大尺度煤岩渗透率及体积应变变化曲线如图 4-6 所示。可以看出，第一阶段随着轴向应力的缓慢增加，体积应变缓慢增加且渗透率减小，大尺度煤岩被压缩导致孔隙率减小使其瓦斯流通通道变窄导致渗透率减小；第二阶段随着轴向应力的迅速增加，体积应变随之迅速增加且渗透率迅速减小，大尺度煤岩进一步被压缩导致瓦斯流通通道变窄使其渗透率迅速减小；第三阶段随着轴向应力的降低，体积应变略微减小且渗透率缓慢增加，大尺度煤岩体积略微扩展使其瓦斯流通通道略微拓宽导致渗透率缓慢增加。当瓦斯压力 p 分别为 0.2MPa、0.3MPa 和 0.4MPa 时，大尺度煤岩的初始渗透率分别为 0.962×10^{-15}m^2、0.364×10^{-15}m^2 和 0.229×10^{-15}m^2，煤岩渗透率最小值分别为 0.538×10^{-15}m^2、0.283×10^{-15}m^2 和 0.155×10^{-15}m^2，最大值为 0.544×10^{-15}m^2、0.286×10^{-15}m^2 和 0.159×10^{-15}m^2，可以看出随着瓦斯压力的增加，大尺度煤岩的初始渗透率、渗透率最小值及最大值均减小。渗透率由最小值增加到最大值分别增加了 0.006×10^{-15}m^2、0.003×10^{-15}m^2 和 0.004×10^{-15}m^2，增加量均比较小，与常规加载条件下常规尺度渗透率增加量比较小的规律相同。

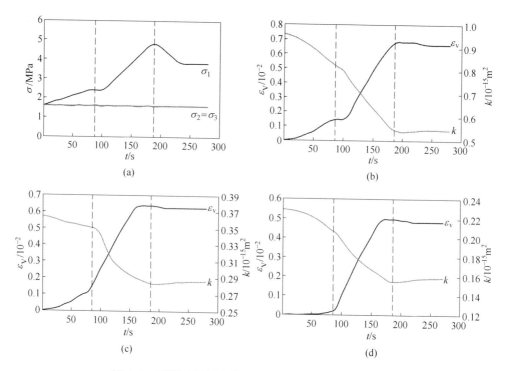

图 4-6　不同瓦斯压力条件下常规加载真三轴状态下

大尺度煤岩渗透率和体积应变变化曲线

（a）应力加载三阶段；（b）瓦斯压力 0.2MPa；（c）瓦斯压力 0.3MPa；（d）瓦斯压力 0.4MPa

4.3　真三轴不同开采条件下大尺度煤岩力学与渗流特性研究

　　无煤柱开采、放顶煤开采、保护层三种开采条件真三轴状态下大尺度煤岩的三向采动应力条件如图 4-7 所示。无煤柱开采、放顶煤开采及保护层开采分别选取应力集中系数 K 为 3、2.5 和 2。首先以力控制方式 0.01MPa/s的速度加载至三向应力状态 $\sigma_1 = \sigma_2 = \sigma_3 = \gamma H = 1.6$MPa，施加瓦斯压力，瓦斯压力 p 分别为 0.2MPa、0.3MPa 和 0.4MPa，然后开始三向采动应力的三个阶段，具体为：

　　第一阶段：三种开采条件下轴向应力（Z 向）由 $\sigma_1 = \gamma H = 1.6$MPa 以力控制方式 0.01MPa/s 的速度加载到 $\sigma_1 = 1.5\gamma H = 2.4$MPa；水平应力（$X$ 向和 Y向）$\sigma_2 = \sigma_3 = \gamma H = 1.6$MPa 以力控制方式 0.008MPa/s 的速度卸载到 $\sigma_2 = \sigma_3 = 0.6\gamma H = 0.96$MPa。

　　第二阶段：无煤柱开采条件下轴向应力（Z 向）由 $\sigma_1 = 1.5\gamma H = 2.4$MPa

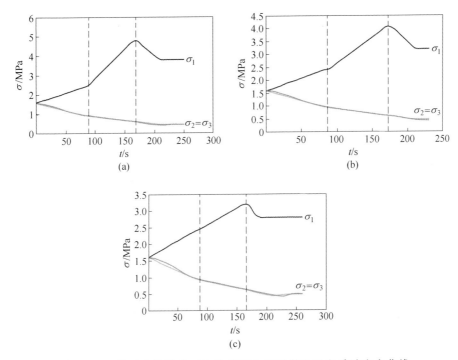

图 4-7 三种开采条件真三轴状态下大尺度煤岩三向采动应力曲线
（a）无煤柱开采；（b）放顶煤开采；（c）保护层开采

以力控制方式 0.03MPa/s 的速度加载到 $\sigma_1 = 3\gamma H = 4.8$MPa；放顶煤开采条件下轴向应力（$Z$ 向）由 $\sigma_1 = 1.5\gamma H = 2.4$MPa 以力控制方式 0.02MPa/s 的速度加载到 $\sigma_1 = 2.5\gamma H = 4$MPa；放顶煤开采条件下轴向应力（$Z$ 向）由 $\sigma_1 = 1.5\gamma H = 2.4$MPa 以力控制方式 0.01MPa/s 的速度加载到 $\sigma_1 = 2\gamma H = 3.2$MPa。

　　三种开采条件下水平应力（X 向和 Y 向）$\sigma_2 = \sigma_3 = 0.6\gamma H = 0.96$MPa 以力控制方式 0.004MPa/s 的速度卸载到 $\sigma_2 = \sigma_3 = 0.4\gamma H = 0.64$MPa。

　　第三阶段：无煤柱开采条件下轴向应力（Z 向）由 $\sigma_1 = 3\gamma H = 4.8$MPa 以力控制方式 0.025MPa/s 的速度卸载到 $\sigma_1 = 2.4\gamma H = 3.84$MPa；放顶煤开采条件下轴向应力（$Z$ 向）由 $\sigma_1 = 2.5\gamma H = 4$MPa 以力控制方式 0.025MPa/s 的速度卸载到 $\sigma_1 = 2\gamma H = 3.2$MPa；放顶煤开采条件下轴向应力（$Z$ 向）由 $\sigma_1 = 2\gamma H = 3.2$MPa 以力控制方式 0.025MPa/s 的速度卸载到 $\sigma_1 = 1.75\gamma H = 2.8$MPa。

　　无煤柱开采条件下水平应力（X 向和 Y 向）由 $\sigma_2 = \sigma_3 = 0.4\gamma H = 0.64$MPa 以力控制方式 0.004MPa/s 的速度卸载到 $\sigma_2 = \sigma_3 = 0.3\gamma H =$

0.48MPa;放顶煤开采条件下水平应力（X 向和 Y 向）由 $\sigma_2 = \sigma_3 = 0.4\gamma H = 0.64$MPa 以力控制方式 0.005MPa/s 的速度卸载到 $\sigma_2 = \sigma_3 = 0.3\gamma H = 0.48$MPa;放顶煤开采条件下水平应力（$X$ 向和 Y 向）由 $\sigma_2 = \sigma_3 = 0.4\gamma H = 0.64$MPa 以力控制方式 0.01MPa/s 的速度卸载到 $\sigma_2 = \sigma_3 = 0.3\gamma H = 0.48$MPa。

当轴向应力（Z 向）和水平应力（X 向和 Y 向）达到目标值后保持一段时间。

当瓦斯压力 p 分别为 0.2MPa、0.3MPa 和 0.4MPa 时，无煤柱开采、放顶煤开采、保护层开采三种开采条件真三轴状态下大尺度煤岩渗透率及体应变变化曲线分别如图 4-8~图 4-10 所示。由图中可以看出，大尺度煤岩渗透率变化曲线与体积应变变化曲线有较好的对应关系，渗透率均首先随着体积应变的增加而减小，然后随着体积应变的减小而有不同程度的增加。

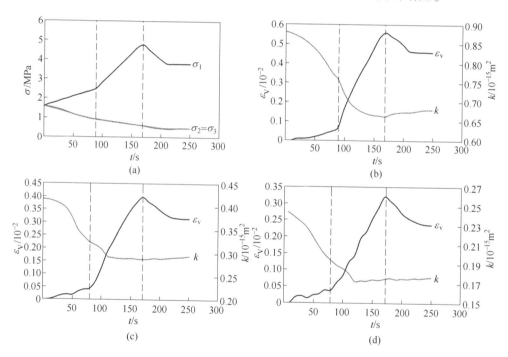

图 4-8 不同瓦斯压力条件无煤柱开采真三轴状态下
大尺度煤岩渗透率与体积应变变化曲线

（a）无煤柱开采采动应力三阶段；（b）瓦斯压力 0.2MPa；

（c）瓦斯压力 0.3MPa；（d）瓦斯压力 0.4MPa

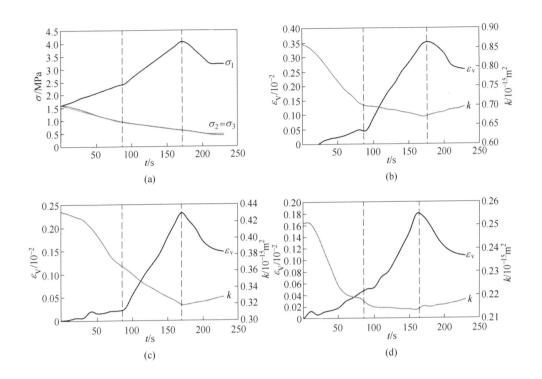

图 4-9 不同瓦斯压力条件放顶煤开采真三轴状态下
大尺度煤岩渗透率与体积应变变化曲线

（a）放顶煤开采采动应力三阶段；（b）瓦斯压力 0.2MPa；

（c）瓦斯压力 0.3MPa；（d）瓦斯压力 0.4MPa

当瓦斯压力为 0.2MPa 时无煤柱开采、放顶煤开采、保护层开采三种开采条件下大尺度煤岩的体积应变变化曲线及渗透率变化曲线分别见图 4-11 和图 4-12。可以看出第一阶段随着轴向应力的缓慢加载和水平应力的持续卸载，大尺度煤岩的体积应变缓慢增加，且三种开采条件下体积应变的增加量基本相同，为 0.056%；第二阶段随着轴向应力的迅速加载和水平应力的持续卸载，大尺度煤岩的体积应变随之增加，由于三种开采条件的不同，无煤柱开采、放顶煤开采、保护层开采大尺度煤岩轴向应力加载速度依次减小，产生的体积应变增加量逐渐减小，分别为 0.494%、0.296% 和 0.092%；第三阶段随着轴向应力的卸载和水平应力的持续卸载，煤岩的体积应变减小，即煤岩逐渐膨胀其体积增加。

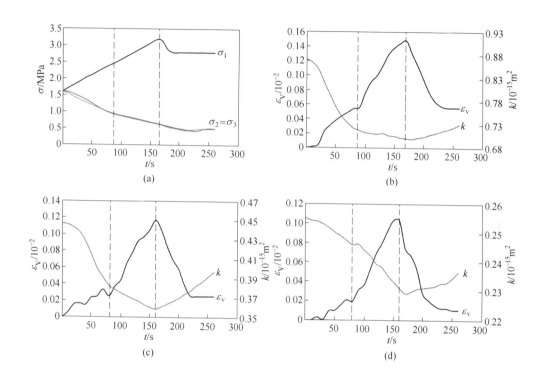

图 4-10　不同瓦斯压力条件保护层开采真三轴状态下大尺度煤岩渗透率
与体积应变变化曲线

（a）保护层开采采动应力三阶段；（b）瓦斯压力 0.2MPa；
（c）瓦斯压力 0.3MPa；（d）瓦斯压力 0.4MPa

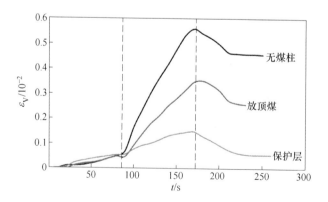

图 4-11　不同开采条件下瓦斯压力 0.2MPa 真三轴状态下
大尺度煤岩体积应变变化曲线

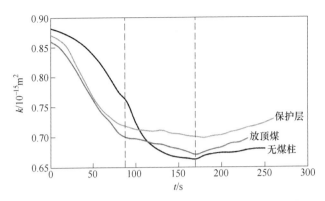

图 4-12　不同开采条件下瓦斯压力 0.2MPa 真三轴状态下
大尺度煤岩渗透率变化曲线

三种开采条件下大尺度煤岩的渗透率变化规律呈现出第一阶段减小然后第二阶段缓慢减小最后第三阶段缓慢增加的趋势，与常规加载条件下渗透率第一阶段减小然后第二阶段迅速减小的规律不同，是由于开采条件下煤岩轴向应力加载使得内部结构压密导致渗透率减小的效果大于水平应力卸载使得内部结构扩展导致渗透率增加的效果，而且第二阶段水平应力的卸载由于第一阶段卸载的累积，水平应力对煤岩内部结构的压密起促进作用，相对常规加载条件水平应力较小，促进煤岩内部孔隙裂隙结构发展，减弱了轴向应力加载使得内部结构压密导致渗透率减小的效果，因此第二阶段渗透率缓慢减小。无煤柱开采煤岩渗透率由初始值 $0.882×10^{-15}\,\mathrm{m^2}$ 减小到最小值 $0.662×10^{-15}\,\mathrm{m^2}$ 后增加到最终值 $0.68×10^{-15}\,\mathrm{m^2}$，放顶煤开采煤岩渗透率由初始值 $0.86×10^{-15}\,\mathrm{m^2}$ 减小到最小值 $0.671×10^{-15}\,\mathrm{m^2}$ 后增加到最终值 $0.697×10^{-15}\,\mathrm{m^2}$，保护层开采煤岩渗透率由初始值 $0.871×10^{-15}\,\mathrm{m^2}$ 减小到最小值 $0.699×10^{-15}\,\mathrm{m^2}$ 后增加到最终值 $0.730×10^{-15}\,\mathrm{m^2}$。无煤柱开采、放顶煤开采、保护层开采煤岩渗透率由初始值到最小值的减小量依次减小，分别为 $0.219×10^{-15}\,\mathrm{m^2}$、$0.189×10^{-15}\,\mathrm{m^2}$、$0.172×10^{-15}\,\mathrm{m^2}$；渗透率由最小值到最大值的增加量逐渐增加，分别为 $0.017×10^{-15}\,\mathrm{m^2}$、$0.026×10^{-15}\,\mathrm{m^2}$、$0.031×10^{-15}\,\mathrm{m^2}$，说明保护层开采条件下煤层受到采动卸压后渗透率增加量较多。

当瓦斯压力分别为 0.2MPa、0.3MPa 和 0.4MPa 时无煤柱开采条件下大尺度煤岩的体积应变变化曲线及渗透率变化曲线分别见图 4-13 和图 4-14，大尺度煤岩的体积应变变化曲线呈第一阶段缓慢增加第二阶段迅速增加第三阶段下降的趋势，对应的渗透率变化曲线呈现出第一阶段减小第二阶段迅速减小第三阶段缓慢增加的趋势。不同瓦斯压力条件下无煤柱开采煤岩第一阶段体积应变变化相差不大，第二阶段随着瓦斯压力的增加煤岩体积应变增加量越小，第三阶段随着瓦斯压力的增加体积应变减小，且体积应变最终值随着瓦斯压力的增加而减小。瓦斯压力分别为 0.2MPa、0.3MPa 和 0.4MPa 时，煤岩最大轴向应力时对应的体积应变逐渐减小，分别为 0.55%、0.399% 和 0.321%，相对 0.2MPa 煤岩 0.3MPa 和 0.4MPa 煤岩体积应变最大值减小了 27.45% 和 41.64%。

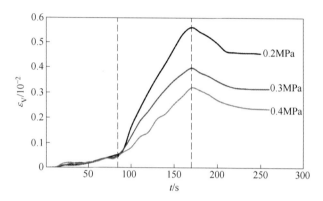

图 4-13　不同瓦斯压力条件无煤柱开采条件真三轴状态下
大尺度煤岩体积应变变化曲线

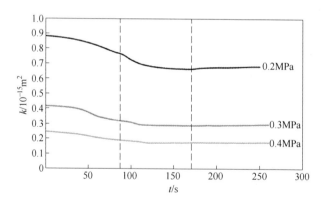

图 4-14　不同瓦斯压力条件无煤柱开采条件真三轴状态下
大尺度煤岩渗透率变化曲线

无煤柱开采瓦斯压力 0.2MPa 真三轴状态大尺度煤岩渗透率由初始值 0.882×10^{-15} m^2 减小到最小值 0.662×10^{-15} m^2 后增加到最终值 0.68×10^{-15} m^2，无煤柱开采瓦斯压力 0.3MPa 煤岩渗透率由初始值 0.417×10^{-15} m^2

减小到最小值 $0.287×10^{-15}\,m^2$ 后增加到最终值 $0.299×10^{-15}\,m^2$，无煤柱开采瓦斯压力 0.4MPa 煤岩渗透率由初始值 $0.247×10^{-15}\,m^2$ 减小到最小值 $0.172×10^{-15}\,m^2$ 后增加到最终值 $0.176×10^{-15}\,m^2$。瓦斯压力分别为 0.2MPa、0.3MPa 和 0.4MPa 时无煤柱开采条件下煤岩渗透率由初始值到最小值的减小量依次减小，分别为 $0.219×10^{-15}\,m^2$、$0.130×10^{-15}\,m^2$、$0.075×10^{-15}\,m^2$；渗透率由最小值到最大值的增加量逐渐增加，分别为 $0.017×10^{-15}\,m^2$、$0.012×10^{-15}\,m^2$、$0.004×10^{-15}\,m^2$，说明一定瓦斯压力范围内，瓦斯压力越大，大尺度煤岩渗透率减小量越小，渗透率增加量增加。

4.4 本章小结

针对不同开采方式（保护层开采、放顶煤开采及无煤柱开采），对大尺度煤岩在常规加载及不同开采条件下的力学及渗流特性进行研究，得到如下主要结论：

（1）进行了长 1050mm×宽 410mm×高 410mm 大尺度煤岩常规加载及不同开采条件下的力学及渗流特性试验，当瓦斯压力 p 分别为 0.2MPa、0.3MPa 和 0.4MPa 时，随着瓦斯压力的增加，大尺度煤岩的初始渗透率、渗透率最小值及最大值均减小，在渗透率增加阶段三种开采条件下渗透率增加量均比较小，与常规加载条件下常规尺度渗透率增加量比较小的规律相同。

（2）大尺度煤岩渗透率变化曲线与体积应变变化曲线有较好的对应关系，渗透率均首先随着体积应变的增加而减小，然后随着体积应变的减小而有不同程度的增加。无煤柱开采、放顶煤开采、保护层开采煤岩渗透率在减小阶段其减小量依次减小，渗透率在增加阶段其增加量逐渐增加。一定瓦斯压力范围内，瓦斯压力越大，大尺度煤岩渗透率减小量越小，渗透率增加量增加。

5 含瓦斯煤渗透率与有效应力规律研究

5.1 概述

渗透率变化规律是进行煤与瓦斯共采的关键问题。煤与瓦斯共采中，随着工作面的不断推进，破坏了采掘空间局部煤岩层的原岩应力场和瓦斯压力场的平衡，应力状态发生重新分布，而且由于应力场改变及煤岩层变形引起瓦斯压力的改变以及瓦斯在煤岩层中的吸附及解吸能力的改变，并且改变煤岩层的物理力学特性。煤岩体受到地应力、采动应力、瓦斯压力的力学作用、瓦斯的吸附解吸作用等综合作用的影响，概括地说煤岩体受到两种基本作用，一种是作用于煤体介质上的地应力，称为总应力；一种是作用于煤体孔隙、裂隙中的瓦斯压力，称为孔隙压力。煤岩体的变形与破坏受到这两种基本作用的影响可以用有效应力来表示。

地应力场的不同会导致煤岩层渗透率的变化；采动应力场应力状态的改变导致采动裂隙场的变化，进而引起孔隙率的变化，最终使其渗透率发生动态演化。在其演化过程中采动应力的变化对渗透率的动态演化有重要影响。采动应力影响下煤岩的应力路径表现为轴向应力加载和围压卸载的共同作用。总之，地应力场及采动应力场中有效应力的变化对渗透率的动态演化有重要影响。因此，需对常规加载及加卸荷条件下含瓦斯煤渗透率和有效应力的变化规律进行试验研究。

5.2 煤岩储层渗透率模型

渗透率变化规律是煤储层开采过程中重要的研究内容。由于煤储层受到应力、孔隙瓦斯压力等的变化，有效应力、煤基质收缩效应和克林肯伯格效应等同时影响煤储层渗透率的变化规律。为了研究适合煤储层渗透率动态变化的计算方法，国内外学者对其进行了大量研究，并建立了煤储层渗透率模型。

5.2.1　国外典型渗透率模型简介

国外常见的煤岩储层渗透率模型从应力和应变角度出发可以大致分为两大类：

第一类：从应力角度出发的渗透率模型，即由渗透率与应力的关系推导得出的渗透率模型，最为经典的是 S&D 模型。S&D 模型已经被成功运用于美国 San Juan 盆地的煤层气变化规律且进行了拟合，而且通过该模型计算得到的煤层渗透率在开采中后期具有反弹幅度大的特点。

第二类：从应变角度出发的渗透率模型，即由渗透率与孔隙率的关系推导得出的渗透率模型，这类模型通常假定煤层总体积保持不变，即煤基质体积的变化量和裂隙变化量相同，最为经典的是 P&M 模型。且 P&M 模型被广泛应用于煤层数值模拟软件中来模拟计算煤储层的渗透率动态变化规律。

5.2.1.1　Gray 模型（1987）

Gray 是试图定量-半定量描述由应力作用引起煤储层渗透率变化程度的第一人，他认为储层压力降低会引起煤基质收缩，基质收缩与等效吸附压力之间存在正比关系，于 1987 年建立了包含储层压力与吸附引起的基质收缩/膨胀两种作用综合影响的渗透率模型，并利用该模型计算了渗透率的变化量，该渗透率模型表达式为[110]：

$$k = k_0 \exp[-3c_f(\sigma_h - \sigma_{h0})] \tag{5-1}$$

$$\sigma_h - \sigma_{h0} = -\frac{\nu}{1-\nu}(p - p_0) + \frac{E}{1-\nu}\frac{\Delta\varepsilon_s}{\Delta p_s}\Delta p_s \tag{5-2}$$

式中，$\dfrac{\Delta\varepsilon_s}{\Delta p_s}$ 为等效吸附压力单元改变所产生的应变。

5.2.1.2　S & D 模型（2004，2005）

Shi 和 Durucan 在 Gray 模型的基础上，首先将各种影响因素转化为有效应力作用，然后将有效应力作用转化到对渗透率影响，建立了由体积变形、割理或孔隙的压缩性引起的有效水平应力变化的关系方程，推导了基于应力效应的渗透率模型，即 S&D 模型[111-113]：

$$k = k_0 \exp[-3c_f(\sigma_h - \sigma_{h0})] \tag{5-3}$$

$$\sigma_{\mathrm{h}} - \sigma_{\mathrm{h0}} = -\frac{\nu}{1-\nu}(p-p_0) + \frac{E}{3(1-\nu)}\varepsilon_{\mathrm{L}}\left(\frac{p}{p+P_{\mathrm{L}}} - \frac{p_0}{p_0+P_{\mathrm{L}}}\right) \quad (5\text{-}4)$$

5.2.1.3　P & M 模型（1996，1998）

Palmer 和 Mansoori 推导了单轴应变条件下渗透率与有效应力和基质收缩之间关系，认为煤层孔隙度变化量主要受到孔隙压力和煤基质收缩/膨胀两种效应的综合影响，提出了基于应变效应的渗透率模型，即 P&M 模型[114,115]：

$$k = k_0 \left(\frac{\phi}{\phi_0}\right)^3 \quad (5\text{-}5)$$

$$\frac{\phi}{\phi_0} = 1 - \frac{c_{\mathrm{m}}}{\phi_0}(p-p_0) + \frac{\varepsilon_{\mathrm{L}}}{\phi_0}\left(\frac{K}{M}-1\right)\left(\frac{Bp}{1+Bp} - \frac{Bp_0}{1+Bp_0}\right) \quad (5\text{-}6)$$

式中，$c_{\mathrm{m}} = \frac{1}{M} - \left(\frac{K}{M}+f-1\right)c_{\mathrm{r}}$；$M = \frac{E(1-\nu)}{(1+\nu)(1-2\nu)}$。

5.2.1.4　ARI 模型（2002，2003）

Pekot 和 Reeves 提出了对应于 Langmuir 储层压力应变的煤岩基质应变的渗透率模型，即 ARI 模型[116,117]：

$$k = k_0 \left(\frac{\phi}{\phi_0}\right)^3 \quad (5\text{-}7)$$

$$\phi = \phi_0[1 + c_{\mathrm{p}}(p-p_0)] - c_{\mathrm{m}}(1-\phi_0)\frac{\Delta p_0}{\Delta C_0}[(C-C_0) + c_k(C_t - C)]$$

$$(5\text{-}8)$$

5.2.1.5　C-B 模型（2005，2007）

Cui 和 Bustin 在考虑储层压力及吸附膨胀应变的基础上，提出了渗透率模型，即 C-B 模型[118,119]：

$$k = k_0 \left(\frac{\phi}{\phi_0}\right)^3 \quad (5\text{-}9)$$

$$\phi = \phi_0 + \frac{(1-2\nu)(1+\nu)}{E(1-\nu)}(p-p_0) - \frac{2}{3}\left(\frac{1-2\nu}{1-\nu}\right)(\varepsilon_{\mathrm{s}} - \varepsilon_{\mathrm{s0}}) \quad (5\text{-}10)$$

5.2.1.6 Seidle-Huitt 模型 (1995)

Seidle 和 Huitt 推导出煤基质收缩效应引起孔隙度变化从而导致渗透率变化的渗透率模型[120]：

$$k = k_0 \left(\frac{\phi}{\phi_0}\right)^3 \tag{5-11}$$

$$\phi = \phi_0 + \phi_0 \left(1 + \frac{2}{\phi_0}\right) \varepsilon_1 \left(\frac{Bp_0}{1 + Bp_0} - \frac{Bp}{1 + Bp}\right) \tag{5-12}$$

5.2.1.7 Connell 模型 (2010)

Connell 等[121,122]对三轴应力条件下三维应力、瓦斯压力和瓦斯吸附引起的膨胀应变引起渗透率变化进行了详细阐述，推导了三轴应力条件煤储层渗透率模型的三次方形式表达式和指数形式表达式，并对多种三轴应力条件下渗透率模型进行了分析。

（1）三次方形式表达式：

$$k = k_0 \left\{1 - \frac{1}{\phi_0}\left[\frac{1}{K}(\widetilde{p}_c - \widetilde{p}_p) + (\widetilde{\varepsilon}_b^{(S)} - \widetilde{\varepsilon}_m^{(S)})\right]\right\}^3 \tag{5-13}$$

（2）指数形式表达式：

$$k = k_0 \exp\left(-3\left\{C_{pc}^M\left[\frac{1}{3}(2\widetilde{p}_r^* + \widetilde{p}_z^*) - \widetilde{p}_p\right] - (1 - \gamma)\widetilde{\varepsilon}_b^{(S)}\right\}\right) \tag{5-14}$$

（3）非静力约束条件（$\widetilde{p}_r^* \neq \widetilde{p}_z^*$）

$$k = k_0 \exp\left(-3\left\{C_{pc}^{(M)}\left[\frac{1}{3}(2\widetilde{p}_r^* + \widetilde{p}_z^*) - \widetilde{p}_p\right] - (1 - \gamma)\widetilde{\varepsilon}_b^{(S)}\right\}\right) \tag{5-15}$$

（4）限制约束条件（$\widetilde{p}_r^* = \widetilde{p}_z^* = \widetilde{p}_p$）

$$k = k_0 \exp\left[3(1 - \gamma)\widetilde{\varepsilon}_b^{(S)}\right] \tag{5-16}$$

（5）刚性约束条件：

1）完全刚性约束条件（$\widetilde{u}_r|_{r=R_c} = \widetilde{u}_z|_{z=0} = \widetilde{u}_z|_{z=L_c} = 0$）

$$k = k_0 \exp\left(-3\left\{-C_{pc}^{(M)}\left[(\alpha + 1)\widetilde{p}_p + K\widetilde{\varepsilon}_b^{(S)}\right] - (1 - \gamma)\widetilde{\varepsilon}_b^{(S)}\right\}\right) \tag{5-17}$$

2）侧向刚性约束条件（$\widetilde{u}_r|_{r=R_c}=0$；$\widetilde{\sigma}_{zz}|_{z=0}=\widetilde{\sigma}_{zz}|_{z=L_c}=\widetilde{p}_z^*$）

$$k = k_0\exp\left(-3\left\{C_{pc}^{(M)}\left[-\frac{(2\alpha+3)}{3}\widetilde{p}_p + \frac{2K}{3}\widetilde{\varepsilon}_b^{(S)} + \frac{3-\nu}{3(1-\nu)}\widetilde{p}_z^*\right] - (1-\gamma)\widetilde{\varepsilon}_b^{(S)}\right\}\right)$$

$$(5\text{-}18)$$

3）端面刚性约束条件（$\widetilde{u}_z|_{z=L_c}=0$；$\widetilde{\sigma}_{rr}|_{r=R_c}=\widetilde{p}_r^*$）

$$k = k_0\exp\left(-3\left\{C_{pc}^{(M)}\left[\frac{2(1+\nu)}{3}\widetilde{p}_r^* - \left(\frac{\alpha E}{9K}+1\right)\widetilde{p}_p - \frac{E}{9}\widetilde{\varepsilon}_b^{(S)}\right] - (1-\gamma)\widetilde{\varepsilon}_b^{(S)}\right\}\right)$$

$$(5\text{-}19)$$

上述渗透率模型均对煤储层渗透率变化的影响因素进行了分析，但均只考虑了应力或基质收缩等比较单一的因素，忽略了其他因素的影响，而且在煤储层开采过程中渗透率动态变化的影响因素比较复杂，以两种典型渗透率模型 S&D 模型和 P&M 模型分析其模型的适用性。

（1）以 P&M 模型为代表的从应变角度出发的渗透率模型需要知道储层参数原始裂隙度，实际煤储层的原始裂隙度很小，而且煤层的原始裂隙度很难准确测量，而裂隙度精度对渗透率模型的预测有重要影响，因此 P&M 模型在运用时受到原始裂隙度的严重影响。

另外，许多国外学者通过 P&M 模型进行拟合时候发现，一般情况下 P&M 模型所产生的渗透率反弹值很小，难以和煤层渗透率反弹幅度大的特点相吻合。

（2）S&D 模型和 P&M 模型不同的是，S&D 模型不需要知道煤层的原始裂隙度，这避免了原始裂隙度对渗透率模型的敏感性影响。

另外，S&D 模型还存在一个和 P&M 模型效果相反的问题，P&M 模型计算得到的无因次渗透率变化偏小，而 S&D 模型夸大了煤基质收缩/膨胀效应带来的影响，存在后期偏大的问题。

5.2.2　国内煤岩储层渗透率计算模型

国内学者对多种因素综合影响下煤储层的渗透率动态变化进行了大量的现场测试和实验室研究，并提出了渗透率计算表达式：

（1）中国矿业大学周世宁院士[123]根据钻孔流量法，提出了井下现场煤层透气性系数通过煤层瓦斯径向流动的流量准数 Y 与时间准数 F_0 之间的关系来测定。首先选取时间准数 F_0 的值，利用公式计算透气性代入 $F_0 = B\lambda$ 中检验，通过不断迭代来确定 F_0 的值在选用的公示范围内。

$$Y = aF_0^b \tag{5-20}$$

$$Y = qr/\lambda \left(p_0^2 - p_1^2 \right) \tag{5-21}$$

$$F_0 = 4\lambda tp_0^{1.5}/\alpha r^2 \tag{5-22}$$

$$B = 4tp_0^{1.5}/\alpha r^2 \tag{5-23}$$

（2）赵阳升等[124]对三维应力作用下煤岩体内部孔隙裂隙中瓦斯渗流规律进行了试验研究，得出煤体渗透率与体积应力、孔隙压力的拟合表达式：

$$k = k_0 \exp(b\Theta + cp) \tag{5-24}$$

考虑到气体吸附作用，瓦斯含量可以用 $c = p^\eta$ 表示，渗透率随体积应力、孔隙压力变化可以用下式表示：

$$k = k_0 p^\eta \exp\left[b(\Theta - 3\alpha p) \right] \tag{5-25}$$

（3）林柏泉等[125]进行了孔隙压力和渗透率以及煤样变形间关系的试验研究，孔隙压力和渗透率与变形间的关系基本上服从指数方程：

$$K = U_1 e^{V_1 p} \tag{5-26}$$

$$S = U_2 e^{V_2 p} \tag{5-27}$$

（4）付雪海等[126]基于吸附膨胀物理模拟实验，分别探讨了煤层气排采过程煤基质收缩和有效应力变化对煤储层渗透率的影响，构建了有效应力、煤基质收缩与煤储层渗透率之间耦合的渗透率计算模型，模型表达式为：

$$\frac{k_j}{k_i} = \left(\frac{\phi_j}{\phi_i} \right)^3 = \left(\frac{\phi_i - \Delta\phi_e + \varepsilon_e}{\phi_i} \right)^3 \tag{5-28}$$

（5）周军平、鲜学福等[127]针对煤层气的生产过程中有效应力和煤基质收缩效应等煤储层渗透率的影响，建立了包含煤基质收缩效应的煤层孔隙度和渗透率理论模型，模型表达式为：

$$k = k_0 \left\{ \frac{1}{1 + A} \left[1 + A_0 + \frac{\alpha}{\phi_0}(A - A_0) \right] \right\}^3 \tag{5-29}$$

式中，$A = \varepsilon_V + C_s p - \varepsilon_s$；$A_0 = C_s p_0 - \dfrac{\varepsilon_L p_0}{p_0 + p_{s0}}$；$\alpha = 1 - \dfrac{C_s}{C_{bc}}$。

5.2.3 国内外煤岩体有效应力及有效应力系数研究

在研究各因素对渗透率动态变化的影响时，可以将多种影响因素综合考虑用有效应力表示来考察煤岩体的变形与破坏并导致渗透率动态变化的规律，其中有效应力系数是研究有效应力变化的重要参数。

（1）卢平等[128]在含瓦斯煤的力学变形与破坏机制理论分析和实验基础上，提出含瓦斯煤的变形与破坏受到本体有效应力和结构有效应力的双重作用，本体应力决定煤的本体变形性质，而结构有效应力则决定煤的结构变形性质。修正了 Karl Terzaghi 多孔介质有效应力计算公式，揭示了等效有效孔隙压力系数在含瓦斯煤全程应力应变过程中的变化规律：

本体有效应力：

$$\sigma_{\mathrm{eff}}^{\mathrm{p}} = \sigma - \phi p \tag{5-30}$$

结构有效应力：

$$\sigma_{\mathrm{eff}}^{\mathrm{s}} = \sigma - \phi_{\mathrm{c}} p \tag{5-31}$$

式中，$\phi_{\mathrm{c}} = \phi - \theta(1 - \phi)$。

等效有效孔隙压力系数：

$$\alpha = \frac{(\sigma_1 - 2\mu\sigma_1) - \varepsilon E}{p - 2\mu p} \tag{5-32}$$

（2）George 等研究了考虑瓦斯吸附引起煤样膨胀变形的有效应力计算模型：

$$\sigma_{\mathrm{eff}} = \sigma_{\mathrm{total}} - mp \tag{5-33}$$

式中，m 为有效应力系数，取平均值为 0.71。

（3）Ghabezloo Siavash 等[129]对不同围压及不同孔隙压力条件下石灰岩的渗流特性进行了试验研究，并提出了基于有效应力的渗透率方程。

渗透率表达式：

$$k = a\sigma'^{b} \tag{5-34}$$

有效应力表达式：

$$\sigma' = \sigma - n_{\mathrm{k}} p_{\mathrm{f}} \tag{5-35}$$

有效应力系数表达式：

$$n_{\mathrm{k}} = c\sigma_{\mathrm{d}} + d \tag{5-36}$$

（4）陶云奇和许江等[130,131]在考虑瓦斯吸附效应、温度和瓦斯力学作用的综合影响基础上，建立了原煤孔隙率动态演化模型和利用吸附热力学参数及瓦斯压力表达的有效应力方程：

$$\sigma' = \sigma_{\mathrm{i}} - \alpha p \tag{5-37}$$

式中，α 为孔隙压缩系数，$\alpha = \dfrac{\sigma(1-\varphi)}{p} + \varphi$。

5.3　含瓦斯煤渗透率与有效应力规律

当有效应力作用于原煤时，有效应力计算公式为[132,133]：

$$\sigma'_{ij} = \sigma_{ij} - \alpha p \delta_{ij} \qquad (5-38)$$

式中，σ'_{ij} 为有效应力，MPa；σ_{ij} 为总应力，MPa；δ_{ij} 为 Kronecker 符号；α 为 Biot 有效应力系数；p 为孔隙瓦斯压力，MPa。

1957 年，Gesstsma 和 Skempton[134]在对孔隙岩石进行试验的基础上，提出了有效应力系数与体积模量的关系：

$$\alpha = 1 - \frac{K}{K_s} \qquad (5-39)$$

式中，K 为煤样的体积模量，MPa；K_s 为煤样骨架的体积模量，MPa。

煤中瓦斯的吸附解吸为等温过程且符合 Langmuir 方程。煤为孔隙裂隙双重介质，瓦斯在煤中存在两种相互竞争作用：瓦斯吸附作用和瓦斯力学作用，瓦斯吸附导致煤基质膨胀，瓦斯力学作用导致煤基质收缩。当原煤受到开采扰动时，体积应力与孔隙率随之发生变化，从而导致渗透率与有效应力系数均发生动态变化。

考虑瓦斯吸附及瓦斯力学双重作用，式（5-39）中固体骨架体积压缩系数 K_s 表达式为[135]：

$$K_s = \frac{E_s}{3(1-2\nu_s)} \cdot \frac{1}{1 - \dfrac{\rho RTa\ln(1+bp)}{p(1-\varphi)}} \qquad (5-40)$$

式中，E_s 为煤样骨架的弹性模量，MPa；ν_s 为煤样骨架的泊松比；p 为孔隙瓦斯压力，MPa；a 为在一定孔隙压力时煤样的极限吸附量，m³/t；b 为煤样的吸附平衡常数，MPa⁻¹；R 为摩尔气体常数，$R = 8.3143$J/(mol·K)；ρ 为煤的视密度，kg/m³；φ 为煤样的孔隙率；T 为煤样的温度，K。

煤样体积模量 K 表达式为

$$K = \frac{E}{3(1-2\nu)} \qquad (5-41)$$

式中，E 为煤样的弹性模量 MPa；ν 为煤样的泊松比。

煤样的孔隙率变化与煤样骨架结构的体积变化相关，其孔隙率表达式为

$$\varphi = \frac{\varphi_0 + \varepsilon_V}{1 + \varepsilon_V} \tag{5-42}$$

式中，φ_0 为煤样的初始孔隙率。

考虑瓦斯吸附及瓦斯力学双重作用煤样的体积应变表达为

$$\varepsilon_V = -\frac{1}{K}(\sigma - \alpha p) + \varepsilon_s \tag{5-43}$$

式中，$\sigma = \sigma_{ii}/3$；ε_s 为瓦斯吸附引起的体积应变，可以用类似于 Langmuir 方程的形式表达为

$$\varepsilon_s = \varepsilon_L \frac{p}{P_L + p} \tag{5-44}$$

式中，ε_L 为孔隙压力为无穷大时煤样理论最大应变；P_L 为达到煤样最大体积应变的一半时对应的孔隙瓦斯压力，MPa。

将式（5-40）代入式（5-39）中，得到有效应力系数的表达式：

$$\alpha = 1 - \frac{3K(1 - 2\nu_s)}{E_s}\left[1 - \frac{\rho RT a \ln(1 + bp)}{p(1 - \varphi)}\right] \tag{5-45}$$

煤样的有效应力表达式为：

$$\Theta' = \Theta - 3p\left\{1 - \frac{3K(1 - 2\nu_s)}{E_s}\left[1 - \frac{\rho RT a \ln(1 + bp)}{p(1 - \varphi)}\right]\right\} \tag{5-46}$$

式中，Θ' 为煤样的有效体积应力，MPa；Θ 为煤样的体积应力，$\Theta = \sigma_1 + \sigma_2 + \sigma_3$，MPa。

渗透率与有效应力的表达式为：

$$k = ck_0 \exp(d\Theta') \tag{5-47}$$

式中，k 为煤样的渗透率，m^2；k_0 为煤样的初始渗透率，m^2。

将式（5-46）代入式（5-47）得：

$$k = ck_0 \exp\left[d\left(\Theta - 3p\left\{1 - \frac{3K(1 - 2\nu_s)}{E_s}\left[1 - \frac{\rho RT a \ln(1 + bp)}{p(1 - \varphi)}\right]\right\}\right)\right] \tag{5-48}$$

式中，c、d 为常数。

煤样的主要基本物性参数见表 5-1，利用其基本物性参数对常规加载条件及加卸荷条件下含瓦斯煤的渗透率与有效应力变化规律进行研究。

表 5-1　煤样的主要基本物性参数

序号	参　　　数	值
1	煤样初始孔隙率 φ_0/%	1.25
2	煤样的极限吸附量 a/m³·t⁻¹	18.821
3	煤样吸附平衡常数 b/MPa⁻¹	0.909
4	煤样理论最大体积应变 ε_L/%	0.413
5	煤样达到理论最大体积应变的一半时对应的孔隙压力 P_L/MPa	2.188
6	煤样骨架弹性模量 E_s/MPa	4206
7	煤样骨架泊松比 ν_s	0.175

5.4　常规三轴加载条件下含瓦斯煤渗透率与有效应力变化规律

5.4.1　不同围压条件下常规加载煤样渗透率与有效应力变化规律

　　不同围压条件下常规三轴压缩煤样渗透率与有效应力的试验及理论曲线分别见图 5-1~图 5-4，图中渗透率与有效应力均为峰值应力前的数据，从图中可以看出，随着有效应力的增加，煤样的渗透率减小。当围压分别为 6MPa、6.5MPa、7MPa 和 7.5MPa 时，含瓦斯煤在常规三轴压缩条件下的有效应力系数分别为 0.447、0.442、0.435 和 0.414，即当瓦斯压力保持恒定，随着围压的增加，含瓦斯煤的有效应力系数减小。

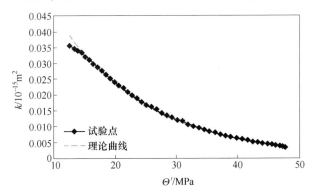

图 5-1　常规三轴压缩煤样渗透率与有效应力的
试验及理论曲线（$\sigma_3 = 6$MPa，$p = 3$MPa）

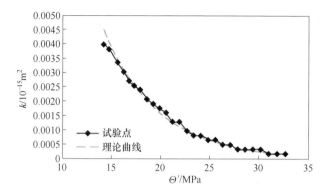

图 5-2 常规三轴压缩煤样渗透率与有效应力的
试验及理论曲线（$\sigma_3 = 6.5\text{MPa}$，$p = 3\text{MPa}$）

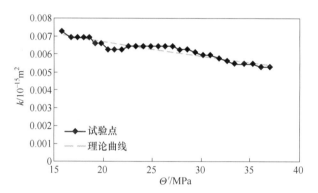

图 5-3 常规三轴压缩煤样渗透率与有效应力的
试验及理论曲线（$\sigma_3 = 7\text{MPa}$，$p = 3\text{MPa}$）

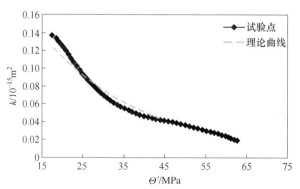

图 5-4 常规三轴压缩煤样渗透率与有效应力的
试验及理论曲线（$\sigma_3 = 7.5\text{MPa}$，$p = 3\text{MPa}$）

含瓦斯煤常规三轴压缩有效应力系数与围压关系曲线如图 5-5 所示，含瓦斯煤的有效应力系数随着围压的增加线性减小，其表达式为：

$$\alpha = -0.0212\sigma_3 + 0.5776 \tag{5-49}$$

$$R^2 = 0.8875$$

式中，α 为含瓦斯煤的有效应力系数。

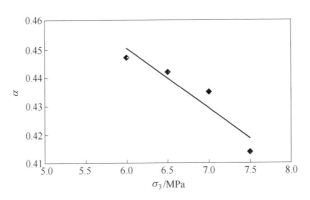

图 5-5　含瓦斯煤常规三轴压缩有效应力系数与围压关系曲线

不同围压条件下常规三轴压缩煤样渗透率与有效应力的理论表达式见表 5-2，可以看出渗透率与有效应力的理论曲线与试验曲线吻合度比较高，说明该渗透率公式可用于不同围压条件下常规三轴压缩煤样渗透率变化规律的研究。

表 5-2　不同围压条件下常规三轴压缩煤样渗透率方程

围压/MPa	渗透率理论曲线	相关系数 R^2
6	$k = 9 \times 10^{-17} e^{-0.067\theta'}$	0.9980
6.5	$k = 6 \times 10^{-17} e^{-0.181\theta'}$	0.9887
7	$k = 9 \times 10^{-18} e^{-0.013\theta'}$	0.8918
7.5	$k = 2 \times 10^{-16} e^{-0.04\theta'}$	0.9818

5.4.2　不同瓦斯压力条件下常规加载煤样渗透率与有效应力变化规律

不同瓦斯压力条件下常规三轴压缩煤样渗透率与有效应力的试验及理论曲线分别见图 5-6~图 5-9。从图中可以看出，随着有效应力的增加，煤样的渗透率逐渐减小。当瓦斯压力分别为 2.5MPa、3MPa、3.5MPa 和 4MPa 时，含瓦斯煤在常规三轴压缩条件下的有效应力系数分别为 0.383、0.435、0.467

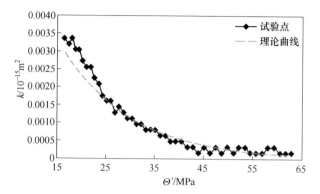

图 5-6   常规三轴压缩煤样渗透率与有效应力的
试验及理论曲线 ($\sigma_3 = 7\mathrm{MPa}$, $p = 2.5\mathrm{MPa}$)

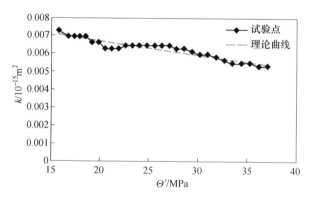

图 5-7   常规三轴压缩煤样渗透率与有效应力的
试验及理论曲线 ($\sigma_3 = 7\mathrm{MPa}$, $p = 3\mathrm{MPa}$)

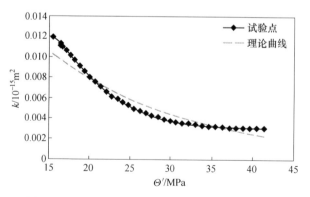

图 5-8   常规三轴压缩煤样渗透率与有效应力的
试验及理论曲线 ($\sigma_3 = 7\mathrm{MPa}$, $p = 3.5\mathrm{MPa}$)

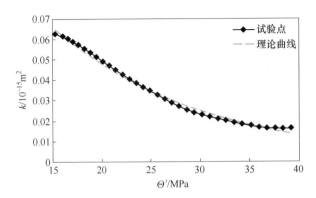

图5-9 常规三轴压缩煤样渗透率与有效应力的

试验及理论曲线（$\sigma_3 = 7\text{MPa}$，$p = 4\text{MPa}$）

和0.485，即当围压保持恒定，随着瓦斯压力的增加，含瓦斯煤的有效应力系数增大。

含瓦斯煤常规三轴压缩有效应力系数与瓦斯压力的关系曲线如图5-10所示，一定瓦斯压力范围内，含瓦斯煤的有效应力系数随着瓦斯压力的增加线性增加，其表达式为：

$$\alpha = 0.0676p + 0.2228 \tag{5-50}$$
$$R^2 = 0.9516$$

式中，α 为含瓦斯煤的有效应力系数。

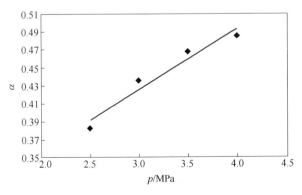

图5-10 含瓦斯煤常规三轴压缩有效应力系数与瓦斯压力关系曲线

不同瓦斯压力条件下常规三轴压缩煤样渗透率与有效应力的理论表达式见表5-3，可以看出渗透率与有效应力的理论曲线与试验曲线吻合度比较高，说明该渗透率公式可用于不同瓦斯压力条件下常规三轴压缩煤样渗透率变化规律的研究。

表 5-3　不同瓦斯压力条件下常规三轴压缩煤样渗透率方程

瓦斯压力/MPa	渗透率理论曲线	相关系数 R^2
2.5	$k = 1 \times 10^{-17} e^{-0.071\theta'}$	0.9037
3	$k = 9 \times 10^{-18} e^{-0.013\theta'}$	0.8918
3.5	$k = 2 \times 10^{-17} e^{-0.058\theta'}$	0.9256
4	$k = 2 \times 10^{-16} e^{-0.064\theta'}$	0.9882

5.5　加卸荷条件下含瓦斯煤渗透率与有效应力变化规律

加载及加卸荷条件煤样的弹性模量和泊松比参数值见表 5-4，并将其代入式（5-45）计算出各条件下煤样的有效应力系数，且由表 5-4 可以看出不同初始应力状态加卸荷条件下的有效应力系数小于单调加载条件下的有效应力系数。

表 5-4　单调加载与加卸荷条件下煤样参数

试验条件	弹性模量/MPa	泊松比	有效应力系数
单调加载	2028.4	0.178	0.493
7MPa 加卸荷	2090.8	0.231	0.374
12MPa 加卸荷	1371.5	0.285	0.485
17MPa 加卸荷	2397.4	0.202	0.352

有效应力系数与煤样体积模量、骨架体积模量、骨架泊松比、温度、孔隙压力、煤样孔隙率等有关，此外，当煤样所受体积应力与孔隙率变化时，有效应力系数也会随之改变。有效应力控制岩石的裂缝和骨架颗粒的变形[136]，有效应力系数的变化决定于岩石的变形主要处于裂缝变形阶段还是骨架颗粒的变形阶段，文中对有效应力系数的研究仅限于弹性阶段，即有效应力系数的变化受骨架颗粒的变形影响，当有效应力系数小于 0.625 时，岩石的变形主要为骨架颗粒的弹性变形[137]，文中加载与加卸荷条件下原煤的有效应力系数的最大值为 0.493，加载与加卸荷条件下弹性阶段煤样的变形主要由骨架颗粒的弹性变形控制。

图 5-11 ~ 图 5-14 分别为单调加载及加卸荷条件下煤样渗透率与有效应力的试验及理论曲线。从图中可以看出，单调加载及加卸荷条件下煤样渗透率

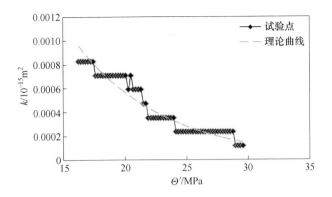

图 5-11 单调加载条件下煤样渗透率与有效应力的
试验及理论曲线

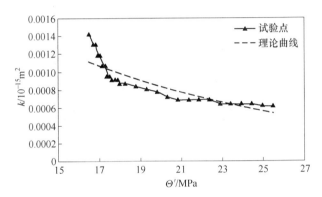

图 5-12 $\sigma_1 = 7\text{MPa}$ 加卸荷条件下煤样渗透率与
有效应力的试验及理论曲线

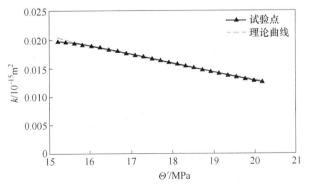

图 5-13 $\sigma_1 = 12\text{MPa}$ 加卸荷条件下煤样渗透率与
有效应力的试验及理论曲线

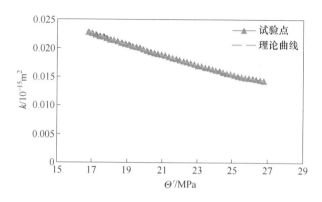

图 5-14　$\sigma_1 = 17\text{MPa}$ 加载条件下煤样渗透率与有效应力的

试验及理论曲线

变化规律与有效应力呈负指数关系，随着有效应力的增加，煤样内部孔隙裂隙结构逐渐闭合，瓦斯有效流通通道逐渐变小，渗透率减小。

渗透率与有效应力的理论表达式见表 5-5，可以看出渗透率与有效应力的理论曲线与试验曲线吻合度比较高，说明该渗透率公式可用于加载条件及加卸荷条件下渗透率变化规律研究。

表 5-5　加载与加卸荷条件下渗透率方程

试验条件	渗透率理论曲线	相关系数 R^2
单调加载	$k = 9 \times 10^{-18} e^{-0.139\Theta'}$	0.9150
7MPa 加卸荷	$k = 4 \times 10^{-18} e^{-0.081\Theta'}$	0.8159
12MPa 加卸荷	$k = 8 \times 10^{-17} e^{-0.094\Theta'}$	0.9930
17MPa 加卸荷	$k = 5 \times 10^{-17} e^{-0.049\Theta'}$	0.9989

5.6　本章小结

渗透率变化规律是进行煤与瓦斯共采的关键问题，采动过程中有效应力的变化对渗透率的动态演化有重要影响。通过对国内外渗透率模型及考虑有效应力系数的渗透率模型进行分析，考虑瓦斯力学作用及瓦斯吸附作用双重效应对有效应力系数的影响，提出了基于有效应力的渗透率计算模型并对其模型进行验证。

6 结论与展望

6.1 主要结论

本书以某矿采煤工作面煤岩为研究对象，采用"含瓦斯煤热流固耦合三轴伺服渗流实验装置"，进行了采动应力场中加卸荷条件下含瓦斯煤的力学特性及渗流特性试验研究。运用"多场多相耦合下多孔介质压裂-渗流实验系统"，对不同开采条件下含瓦斯煤及不含瓦斯煤的力学及渗流特性进行试验研究。利用"多场耦合煤矿动力灾害大型模拟试验系统"，对真三轴应力状态下大尺度煤岩在常规加载及不同开采条件下的力学及渗流特性进行研究。建立了含瓦斯煤渗透率与有效应力的理论方程并进行了验证。得到如下主要结论：

（1）采动应力影响下煤岩的应力路径表现为轴向应力加载和围压卸载的共同作用。不同加卸荷条件下含瓦斯煤的承载强度与不同的加卸荷条件有如下关系：不同初始围压条件下，加卸荷煤样的承载强度随着初始围压的升高呈指数关系降低；不同瓦斯压力条件下，加卸荷煤样的承载强度随着瓦斯压力的升高呈线性关系降低；不同初始应力状态条件下，加卸荷煤样的承载强度随着初始轴力的升高呈指数关系降低；不同围压卸载速度下，加卸荷煤样的承载强度随着围压卸载速度的增加呈指数函数关系降低。总的来说，加卸荷条件下煤样的承载强度为初始围压、瓦斯压力、初始应力状态及围压卸载速度等的关系。不同加卸荷条件下含瓦斯煤的变形模量随轴向应变的增加均呈先迅速减小然后缓慢减小直至破坏后保持基本稳定的趋势；不同加卸荷条件下含瓦斯煤的泊松比均表现出随着轴向应变的增加先逐渐减小后迅速增加最后基本保持稳定。

（2）常规加载与加卸荷条件下煤样渗透率与应变的关系在屈服前规律有所不同，屈服前，常规加载渗透率与应变呈二次曲线关系减小；而加卸荷渗透率随应变首先呈线性关系增加然后呈二次曲线关系减小。煤样屈服后两种条件下渗透率与应变的关系规律基本相同，即呈指数关系增大，且与轴向应变呈正指数关系增大，与径向应变和体积应变呈负指数关系增大。加卸荷条件下最小值与最终渗透率的增加量为常规加载渗透率增加量的数倍。

（3）开挖扰动引起煤岩层的应力状态改变并重新分布，其应力-应变过程中累积的弹性应变能逐渐耗散并释放，其过程保持能量的平衡。三轴加载及加卸荷条件下含瓦斯煤变形破坏过程中弹性应变能的变化趋势与轴向应力的变化趋势相对应，加卸荷条件下随着卸载位置轴向应力的增大，单元弹性应变能所占吸收总能量的比例逐渐减小，单元耗散能所占比例逐渐增大，且煤样失稳破坏时单元弹性应变能逐渐减少，单元耗散能和单元吸收总能量增加。煤样屈服后总能量迅速增加，屈服后总能量与主应力差的关系曲线的斜率远远大于屈服前的斜率。围压卸载过程中含瓦斯煤单元耗散能随着卸载位置轴向压力的增加而增加，且其占单元总能量增加量的比例增大。

（4）利用"多场多相耦合下多孔介质压裂-渗流实验系统"进行了常规加载及不同开采条件下煤岩的试验研究。常规加载条件含瓦斯煤的峰值强度远远大于开采条件下含瓦斯煤的峰值强度，无煤柱开采、放顶煤开采、保护层开采三种开采条件下含瓦斯煤及不含瓦斯煤的峰值强度依次降低。

（5）真三轴应力状态大尺度煤岩渗透率变化曲线与体积应变变化曲线有较好的对应关系，渗透率均首先随着体积应变的增加而减小，然后随着体积应变的减小而有不同程度的增加。当瓦斯压力 p 分别为 0.2MPa、0.3MPa 和 0.4MPa 时，随着瓦斯压力的增加，大尺度煤岩的初始渗透率、渗透率最小值及最大值均减小，在渗透率增加阶段三种开采条件下渗透率增加量均比较小，与常规加载条件下常规尺度渗透率增加量比较小的规律相同。无煤柱开采、放顶煤开采、保护层开采煤岩渗透率在减小阶段其减小量依次减小，渗透率在增加阶段其增加量逐渐增加。一定瓦斯压力范围内，瓦斯压力越大，大尺度煤岩渗透率减小量越小，渗透率增加量增加。

（6）采动过程中有效应力的变化对渗透率的动态演化有重要影响。考虑瓦斯力学作用和瓦斯吸附作用两个方面对有效应力系数的影响，建立了常规加载及加卸荷条件下原煤的有效应力计算公式及渗透率与有效应力关系的公式。含瓦斯煤的有效应力系数随着围压的增加而线性减小，含瓦斯煤的有效应力系数随着瓦斯压力的增加而线性增加，加卸荷条件下的有效应力系数小于单调加载条件下的有效应力系数。通过对常规加载及加卸荷条件下煤样渗透率与有效应力的理论曲线与试验曲线进行对比分析，吻合度均比较高，说明该渗透率公式可用于常规加载条件及加卸荷条件下煤样渗透率变化规律的研究。

6.2　主要创新点

（1）开展了采动应力场中含瓦斯煤岩不同加卸荷条件下的力学特性及渗流特性的试验研究，加卸荷条件下煤样的承载强度为初始围压、瓦斯压力、初始应力状态及围压卸载速度等的关系。并对三轴单调加载及加卸荷条件下含瓦斯煤变形破坏过程中能量变化进行分析。

（2）利用"多场多相耦合下多孔介质压裂-渗流实验系统"对无煤柱开采、放顶煤开采、保护层开采三种开采条件下含瓦斯煤及不含瓦斯煤进行试验研究，峰值强度依次降低。

（3）进行了无煤柱开采、放顶煤开采、保护层开采三种不同开采条件真三轴状态下大尺度煤样的渗流试验。

（4）考虑瓦斯力学作用和瓦斯吸附作用两个方面对有效应力系数的影响，建立了常规加载及加卸荷条件下原煤的有效应力计算公式及基于有效应力的渗透率模型：

$$k = ck_0 \exp\left[d\left(\Theta - 3p\left\{1 - \frac{3K(1-2\nu_s)}{E_s}\left[1 - \frac{\rho RTa\ln(1+bp)}{p(1-\varphi)}\right]\right\}\right)\right]$$

6.3　展望

（1）本书所开展的采动应力场中不同加卸荷条件下含瓦斯煤岩的力学特性及渗流特性的试验研究是在伪三轴试验机上进行的，有必要进行更加符合煤矿井下现场应力环境的真三轴应力状态下的力学及渗流特性的试验研究。

（2）所采用的常规试件均为直径为50mm、高为100mm的完整标准圆柱体原煤试件，需要进行裂隙节理煤岩体的试验研究。

（3）所进行的试验均在密封腔体内进行，其变形破坏过程中试件的裂隙发育发展情况不明，因此应该进一步开展实验过程中孔隙率动态变化及其细微观裂隙的实时监测。

参 考 文 献

［1］ Jaeger J C. Brittle fracture of rocks ［C］//Proceedings of the Eighth Symposium on Rock Mechanics. Baltimore：Port City Press, 1967：3-57.

［2］ Hua Anzeng, You Mingqing. Rock failure due to energy release during unloading and application to underground rock burst control ［J］. Tunneling and Underground Space Technology, 2001, 16：241-246.

［3］ Xie H Q, He Ch. Study of the unloading characteristics of a rock mass using the triaxial test and damage mechanics ［J］. International Journal of Rock Mechanics and Mining Sciences, 2004, 41（3）：74-80.

［4］ He M C, Miao J L, Feng J L. Rock burst process of limestone and its acoustic emission characteristics under true-triaxial unloading conditions ［J］. International Journal of Rock Mechanics and Mining Sciences, 2010, 47（2）：286-298.

［5］ Wu G, Zhang L. Studying unloading failure characteristics of a rock mass using the disturbed state concept ［J］. International Journal of Rock Mechanics and Mining Sciences, 2004, 41（S1）：181-187.

［6］ 赵国斌, 袁宏利, 贾国臣, 等. 奥陶系灰岩卸荷力学特性试验研究 ［J］. 水利水电工程设计, 2012, 31（2）：26-29.

［7］ 吴刚, 赵震洋. 不同应力状态下岩石类材料破坏的声发射特性 ［J］. 岩土工程学报, 1998, 20（2）：82-85.

［8］ 裴建良, 刘建锋, 徐进. 层状大理岩卸荷力学特性试验研究 ［J］. 岩石力学与工程学报, 2009, 28（12）：2498-2502.

［9］ 陈卫忠, 吕森鹏, 郭小红, 等. 脆性岩石卸围压试验与岩爆机理研究 ［J］. 岩土工程学报, 2010, 32（6）：963-969.

［10］ 陈卫忠, 吕森鹏, 郭小红, 等. 基于能量原理的卸围压试验与岩爆判据研究 ［J］. 岩石力学与工程学报, 2009, 28（8）：1530-1540.

［11］ 周小平, 哈秋舲, 张永兴, 等. 峰前围压卸荷条件下岩石的应力—应变全过程分析和变形局部化研究 ［J］. 岩石力学与工程学报, 2005, 24（18）：3236-3245.

［12］ 黄润秋, 黄达. 高地应力条件下卸荷速率对锦屏大理岩力学特性影响规律试验研究 ［J］. 岩石力学与工程学报, 2010, 29（1）：21-33.

［13］ 黄润秋, 黄达. 卸荷条件下花岗岩力学特性试验研究 ［J］. 岩石力学与工程学报, 2008, 27（11）：2205-2212.

［14］ 黄润秋, 黄达. 卸荷条件下岩石变形特征及本构模型研究 ［J］. 地球科学进展, 2008, 23（5）：441-447.

［15］黄达，谭清，黄润秋．高围压卸荷条件下大理岩破碎块度分形特征及其与能量相关性研究［J］．岩石力学与工程学报，2012，31（7）：1379-1389.

［16］黄达，谭清，黄润秋．高应力下脆性岩石卸荷力学特性及数值模拟［J］．重庆大学学报，2012，35（6）：72-79.

［17］黄达，黄润秋，张永兴．三轴加卸荷下花岗岩脆性破坏及应力跌落规律［J］．土木建筑与环境工程，2011，33（2）：1-6.

［18］王贤能，黄润秋．岩石卸荷破坏特征与岩爆效应［J］．山地研究，1998，16（4）：281-285.

［19］陈秀铜，李璐．高围压、高水压条件下岩石卸荷力学性质试验研究［J］．岩石力学与工程学报，2008，27（s1）：2694-2699.

［20］张雪颖，阮怀宁，贾彩虹，等．高围压大理岩卸荷变形破坏与能量特征研究［J］．矿业研究与开发，2009，29（6）：13-16.

［21］李志敬，朱珍德，施毅，等．高围压高水压条件下岩石卸荷强度特性试验研究［J］．河海大学学报，2009，37（2）：162-165.

［22］夏才初，李宏哲，刘胜．含节理岩石试件的卸荷变形特性研究［J］．岩石力学与工程学报，2010，29（4）：697-704.

［23］陈忠辉，林忠明，谢和平，等．三维应力状态下岩石损伤破坏的卸荷效应［J］．煤炭学报，2004，29（1）：31-35.

［24］向天兵，冯夏庭，陈炳瑞，等．三向应力状态下单结构面岩石试样破坏机制与真三轴试验研究［J］．岩土力学，2009，30（10）：2908-2916.

［25］张黎明，王在泉，石磊．硬质岩石卸荷破坏特性试验研究［J］．岩石力学与工程学报，2011，30（10）：2012-2018.

［26］张黎明，王在泉，王建新，等．岩石卸荷破坏的试验研究［J］．四川大学学报（工程科学版），2006，38（3）：34-37.

［27］纪洪广，侯兆飞，张磊，等．载荷岩石材料在加载—卸荷扰动作用下声发射特性［J］．北京科技大学学报，2011，33（1）：1-5.

［28］邱士利，冯夏庭，张传庆，等．不同卸围压速率下深埋大理岩卸荷力学特性试验研究［J］．岩石力学与工程学报，2010，29（9）：1807-1817.

［29］高春玉，徐进，何鹏，等．大理岩卸载变形特征及力学参数的损伤研究［J］．第八次全国岩石力学与工程学术大会论文集，2004：170-173.

［30］尤明庆．复杂路径下岩样的强度和变形特性［J］．岩石力学与工程学报，2002，21（1）：23-28.

［31］左建平，谢和平，孟冰冰，等．煤岩组合体分级加卸荷特性的试验研究［J］．岩土力学，2011，32（5）：1287-1296.

［32］彭瑞东，谢和平，鞠杨，等．试验机弹性储能对岩石力学性能测试的影响［J］．力学与实践，2005，27（3）：51-55.

［33］刘建锋，谢和平，徐进，等．循环荷载作用下岩石阻尼特性的试验研究［J］．岩石力学与工程学报，2008，27（4）：312-317.

［34］Wu F Q, Liu T, Liu J Y, et al. Excavation unloading destruction phenomena in rock dam foundations ［J］. Bulletin of Engineering Geology and the Environment, 2009, 68（2）: 257-262.

［35］许国安，牛双建，靖洪文，等．砂岩加卸荷条件下能耗特征试验研究［J］．岩土力学，2011，32（12）：3611-3617.

［36］苏承东，杨圣奇．循环加卸荷下岩样变形与强度特征试验［J］．河海大学学报（自然科学版），2006，34（6）：667-671.

［37］谢红强，何江达，徐进．岩石加卸荷变形特性及力学参数试验研究［J］．岩土工程学报，2003，25（3）：336-338.

［38］朱泽奇，盛谦，肖培伟，等．岩石卸围压破坏过程的能量耗散分析［J］．岩石力学与工程学报，2011，30（s1）：2675-2681.

［39］王金安，焦申华，谢广祥．综放工作面开采速率对围岩应力环境影响的研究［J］．岩石力学与工程学报，2006，25（6）：1118-1124.

［40］梁冰，章梦涛，潘一山，等．瓦斯对煤的力学性质及力学响应影响的试验研究［J］．岩土工程学报，1995，17（5）：12-18.

［41］何学秋，王恩元，林海燕．孔隙气体对煤体变形及蚀损作用机理［J］．中国矿业大学学报，1996，25（1）：6-11.

［42］林柏泉，周世宁．含瓦斯煤体变形规律的试验研究［J］．中国矿业学院学报，1986（1）：9-16.

［43］姜耀东，祝捷，赵毅鑫，等．基于混合物理论的含瓦斯煤本构方程［J］．煤炭学报，2007，32（11）：1132-1137.

［44］姚宇平，周世宁．含瓦斯煤的力学性质［J］．中国矿业学院学报，1988（1）：1-7.

［45］冯增朝，赵阳升，杨栋，等．瓦斯排放与煤体变性规律试验研究［J］．辽宁工程技术大学学报，2006，25（1）：21-23.

［46］Yin G, Zhang D, Wang W. The Creep experiment and theoretical model analysis of gas-containing coal ［J］. Journal of Coal Science & Engineering, 2007, 13（4）: 458-462.

［47］尹光志，赵洪宝，张东明．突出煤三轴蠕变特性及本构方程［J］．重庆大学学报，2008，31（8）：946-950.

［48］赵洪宝，尹光志，张卫中．围压作用下型煤蠕变特性及本构关系研究［J］．岩土力学，2009，30（8）：2305-2308.

［49］ 尹光志，王登科，张东明，等. 两种含瓦斯煤样变形特性与抗压强度的实验分析
      ［J］. 岩石力学与工程学报，2009，28（2）：410-417.

［50］ 王登科，尹光志，刘建，等. 三轴压缩下含瓦斯煤岩弹塑性损伤耦合本构模型
      ［J］. 岩土工程学报，2010，32（1）：55-60.

［51］ 王维忠，尹光志，王登科，等. 三轴压缩下突出煤粘弹塑性蠕变模型［J］. 重庆大
      学学报，2010，33（1）：99-103.

［52］ 李小双，尹光志，赵洪宝，等. 含瓦斯突出煤三轴压缩下力学性质试验研究［J］.
      岩石力学与工程学报，2010，29（增1）：3350-3358.

［53］ Harpalani S, Chen G. Estimation of changes in fracture porosity coal with gas emission
      ［J］. Fuel, 1995, 74（10）：1491-1498.

［54］ George J D S, Barakat M A. The change in effective stress associated with shrinkage from
      gas desorption in coal［J］. International Journal of Coal Geology, 2001, 45: 105-113.

［55］ Hu G, Wang H, Fan X, et al. Mathematical Model of Coalbed Gas Flow with Klinkenberg
      Effects in Multi-Physical Fields and its Analytic Solution［J］. Transport in Porous Media,
      2009, 76: 407-420.

［56］ Zhu W C, Liu J, Sheng J C, et al. Analysis of coupled gas flow and deformation process
      with desorption and Klinkenberg effects in coal seams［J］. International Journal of Rock
      Mechanics & Mining Sciences, 2007, 44: 971-980.

［57］ Liu J, Chen Z, Elsworth D, et al. Linking gas-sorption induced changes in coal permeabili-
      ty to directional strains through a modulus reduction ratio［J］. International Journal of Coal
      Geology, 2010, 83: 21-30.

［58］ Yin Guangzhi, Jiang Changbao, Xu Jiang, et al. An experimental study on effect of water
      content oncoalbed gas permeability in ground stress field［J］. Transport in Porous Media,
      2012, 94（1）：87-99.

［59］ Connell L D. Coupled flow and geomechanical processes during gas production from coal
      seams［J］. International Journal of Coal Geology, 2009, 79: 18-28.

［60］ Gash B W. Measurement of "Rock Properties" in coal for coalbed methane production［J］.
      SPE 29909, 1991: 221-230.

［61］ Paterson L, Meancy K, Smyth M. Measurements of relative permeability, absolute permea-
      bility and fracture geometry in coal［C］. Coalbed Mcthane Symposium, Townscille, Aus-
      tralia, 1992: 19-21.

［62］ 梁冰，刘建军，王锦山. 非等温情况下煤和瓦斯固流耦合作用的研究［J］. 辽宁工
      程技术大学学报（自然科学版），1999，18（5）：483-486.

［63］ 聂百胜，何学秋，李祥春. 真三轴应力作用下煤体瓦斯渗流规律试验研究［C］. 第

四届深部岩体力学与工程灾害控制学术研讨会论文集，2009：345-347.

[64] 李祥春，郭勇义，吴世跃，等．考虑吸附膨胀应力影响的煤层瓦斯流—固耦合渗流数学模型及数值模拟 [J]．岩石力学与工程学报，2007，26（增1）：2743-2748.

[65] 尹光志，李小双，赵洪宝，等．瓦斯压力对突出煤瓦斯渗流影响试验研究 [J]．岩石力学与工程学报，2009，28（4）：697-702.

[66] 尹光志，蒋长宝，许江，等．含瓦斯煤热流固耦合渗流试验研究 [J]．煤炭学报，2011，36（9）：1195-1500.

[67] 尹光志，李铭辉，李文璞，等．瓦斯压力对卸荷原煤力学及渗透特性的影响 [J]．煤炭学报，2012，37（9）：1499-1504.

[68] 张东明，胡千庭，袁地镜．成型煤样瓦斯渗流的试验研究 [J]．煤炭学报，2011，36（2）：288-292.

[69] 许江，张丹丹，彭守建，等．三轴应力条件下温度对原煤渗流特性影响的试验研究 [J]．岩石力学与工程学报，2011，30（9）：1848-1854.

[70] 许江，彭守建，陶云奇，等．蠕变对含瓦斯煤渗透率影响的试验分析 [J]．岩石力学与工程学报，2009，28（11）：2273-2279.

[71] 王宏图，李晓红，鲜学福，等．地电场作用下煤中甲烷气体渗流性质的试验研究 [J]．岩石力学与工程学报，2004，22（2）：303-306.

[72] 赵阳升．煤体-瓦斯耦合数学模型及数值解法 [J]．岩石力学与工程学报，1994，13（3）：229- 239.

[73] 李志强，鲜学福，隆晴明．不同温度应力条件下煤体渗透率试验研究 [J]．中国矿业大学学报，2009，38（4）：523-527.

[74] 胡国忠，许家林，王宏图，等．低渗透煤与瓦斯的固-气动态耦合模型及数值模拟 [J]．中国矿业大学学报，2011，40（1）：1-6.

[75] 谢和平，高峰，周宏伟．煤与瓦斯共采中煤层增透率理论与模型研究 [J]．煤炭学报，2013，38（7）：1101-1108.

[76] 程远平，刘洪永，郭品坤，等．深部含瓦斯煤体渗透率演化及卸荷增透理论模型 [J]．煤炭学报，2014，39（8）：1650-1658.

[77] 李树刚，钱鸣高，石平五．煤样全应力应变过程中的渗透系数-应变方程 [J]．煤田地质与勘探，2001，29（1）：22-24.

[78] 祝捷，姜耀东，孟磊，等．载荷作用下煤体变形与渗透性的相关性研究 [J]．煤炭学报，2012，37（6）：984-988.

[79] 周军平，鲜学福，姜永东，等．考虑基质收缩效应的煤层气应力场-渗流场耦合作用分析 [J]．岩土力学，2010，31（7）：2317-2323.

[80] 赵洪宝，尹光志，李小双．突出煤渗透特性与应力耦合试验研究 [J]．岩石力学与

工程学报，2009，28（增2）：3357-3362.

[81] 李晓泉，尹光志，蔡波. 循环载荷下突出煤样的变形和渗透特性试验研究［J］. 岩石力学与工程学报，2010，29（增2）：3498-3504.

[82] 蒋长宝，尹光志，李晓泉，等. 突出煤型煤全应力-应变全程瓦斯渗流试验研究［J］. 岩石力学与工程学报，2010，29（增2）：3482-3487.

[83] 蒋长宝，黄滚，黄启翔. 含瓦斯煤多级式卸围压变形破坏及渗透率演化规律实验［J］. 煤炭学报，2011，36（12）：2039-2042.

[84] 陶云奇. 含瓦斯煤THM耦合模型建立［J］. 煤矿安全，2012，43（2）：9-12.

[85] 彭守建，许江，尹光志，等. 煤岩破断与瓦斯运移耦合作用机理的试验研究［J］. 煤炭学报，2011，36（12）：2024-2028.

[86] 李波波，袁梅，马科伟，等. 体积应力及孔隙压力对型煤渗透率影响的试验研究［J］. 煤矿安全，2012，31（8）：79-81.

[87] 袁梅，李波波，许江，等. 不同瓦斯压力条件下含瓦斯煤的渗透特性试验研究［J］. 煤矿安全，2011，42（3）：1-4.

[88] 刘见中，张东明，袁地镜. 含瓦斯煤在不同围压下的渗流特性试验［J］. 煤炭科学技术，2009，37（7）：69-72.

[89] 钱鸣高，刘听成. 矿山压力及其控制［M］. 北京：煤炭工业出版社，1991.

[90] 陈颙，姚孝新，耿乃光. 应力途径对岩石脆性和延性的影响［J］. 地球物理学报，1980，23（3）：312-319.

[91] 陶振宇，潘别桐. 岩石力学原理与方法［M］. 武汉：中国地质大学出版社，1991.

[92] 高春玉，徐进，何鹏，等. 大理岩加卸荷力学特性的研究［J］. 岩石力学与工程学报，2005，24（3）：456-460.

[93] 胡耀青，赵阳升，魏锦平. 三维应力作用下煤体瓦斯渗透规律试验研究［J］. 西安科技学院学报，1996，16（4）：308-311.

[94] 王登科，魏建平，尹光志，等. 复杂应力路径下含瓦斯煤渗透性变化规律研究［J］. 岩石力学与工程学报，2012，31（2）：303-310.

[95] 蔡美峰，何满潮，刘东燕. 岩石力学与工程［M］. 北京：科学出版社，2002.

[96] 尹光志，李广治，赵洪宝，等. 煤岩全应力-应变过程中瓦斯流动特性试验研究［J］. 岩石力学与工程学报，2010，29（1）：170-175.

[97] 谢和平，鞠杨，黎立云. 基于能量耗散与释放原理的岩石强度与整体破坏准则［J］. 岩石力学与工程学报，2005，24（17）：3003-3010.

[98] 谢和平，彭瑞东，鞠杨. 岩石变形破坏过程中的能量耗散分析［J］. 岩石力学与工程学报，2004，23（21）：3565-3570.

[99] 谢和平，彭瑞东，鞠杨，等. 岩石破坏的能量分析初探［J］. 岩石力学与工程学报，

2005, 24 (15)：2603-2608.

[100] 张志镇, 高峰. 单轴压缩下岩石能量演化的非线性特性研究 [J]. 岩石力学与工程学报, 2012, 31 (6)：1198-1207.

[101] Yin G Z, Jiang C B, Wang J G, et al. Combined effect of stress, pore pressure and temperature on methane permeability in anthracite coal an experimental study [J]. Transport in Porous Media, 2013, 11 (1)：1-16.

[102] 喻勇, 尹健民. 三峡花岗岩在不同加载方式下的能耗特征 [J]. 岩石力学与工程学报, 2004, 23 (2)：205-208.

[103] 杨圣奇, 徐卫亚, 苏承东. 岩样单轴压缩变形破坏与能量特征研究 [J]. 固体力学学报, 2006, 27 (2)：213-216.

[104] 杨圣奇, 徐卫亚, 苏承东. 大理岩三轴压缩变形破坏与能量特征研究 [J]. 工程力学, 2007, 24 (1)：136-141.

[105] 刘天为, 何江达, 徐文杰. 大理岩三轴压缩破坏的能量特征分析 [J]. 岩土工程学报, 2013, 35 (2)：395-400.

[106] 尤明庆, 华安增. 岩石试样破坏过程的能量分析 [J]. 岩石力学与工程学报, 2002, 21 (6)：778-781.

[107] 张黎明, 高速, 王在泉. 加卸荷条件下灰岩能耗变化规律试验研究 [J]. 岩土力学, 2013, 34 (11)：3071-3076.

[108] 谢和平, 周宏伟, 刘建峰, 等. 不同开采条件下采动力学行为研究 [J]. 煤炭学报, 2011, 36 (7)：1067-1074.

[109] 彭永伟, 齐庆新, 邓志刚, 等. 考虑尺度效应的煤样渗透率对围压敏感性试验研究 [J]. 煤炭学报, 2008, 33 (5)：509-513.

[110] Gray I. Reservoir engineering in coal seams, Part 1—The physical process of gas storage and movement in coal seams [J]. SPE Reservoir Engineering, 1987, 2 (1)：28-34.

[111] Shi J Q, Durucan S. Drawdown induced changes in permeability of coalbeds：A new interpretation of the reservoir response to primary recovery [J]. Transport in Porous Media, 2004, 56 (1)：1-16.

[112] Shi J Q, Durucan S. A numerical simulation study of the Allison Unit CO_2-ECBM pilot：The effect of matrix shrinkage and swelling on ECBM production and CO_2 injectivity [C]. Proceedings of the 7th International Conference on Greenhouse Gas Control Technologies (GHGT 7), Vancouver, 2004：431-442.

[113] Shi J Q, Durucan S. A model for changes in coalbed permeability during primary and enhanced methane recovery [J]. SPE Reservoir Evaluation and Engineering, 2005, 8 (4)：291-299.

[114] Palmer I, Mansoori J. How permeability depends on stress and pore pressure in coalbeds, a new model [C]. SPE Annual Technical Conference and Exhibition, Denver, Colorado, 1996.

[115] Palmer I, Mansoori J. Permeability depends on stress and pore pressure in coalbeds, a new model [J]. SPE Reservoir Evaluation and Engineering, 1998, 1 (6): 539-544.

[116] Pekot L J, Reeves S R. Modeling coal matrix shrinkage and differential swelling with CO_2 injection for enhanced coalbed methane recovery and carbon sequestration applications [C]. Topical report, Contract No. DE-FC26-00NT40924, U. S., 2002: 14-17.

[117] Pekot L J, Reeves S R. Modeling the effects of matrix shrinkage and differential swelling on coalbed methane recovery and carbon sequestration [C]. Proceedings of the 2003 International Coalbed Methane Symposium, University of Alabama, 2003.

[118] Cui X, Bustin R M. Volumetric strain associated with methane desorption and its impact on coalbed gas production from deep coal seams, AAPG Bulletin, 2005, 89 (9): 1181-1202.

[119] Cui X, Bustin R M, Chikatamarla L. Adsorption-induced coal swelling and stress, implications for methane production and acid gas sequestration into coal seams [J]. Journal of Geophysical Research-Solid Earth 112, B10202, 2007.

[120] Seidle J R, Huitt L G. Experimental measurement of coal matrix shrinkage due to gas desorption and implications for cleat permeability increases [C]. International Meeting on Petroleum Engineering, Society of Petroleum Engineers, Inc, Beijing, 1995.

[121] Connell L D, Lu M, Pan Z. An analytical coal permeability model for tri-axial strain and stress conditions [J]. International Journal of Coal Geology, 2010, 84 (2): 103-114.

[122] Connell L D, Pan Z, Lu M, et al. Coal permeability and its behaviour with gas desorption, pressure and stress [C]. Presented at SPE Asia Pacific Oil & Gas Conference and Exhibition, Brisbane, Australia, 2010.

[123] 周世宁. 用电子计算机对两种测定煤层透气系数方法的检验 [J]. 中国矿业学院学报, 1984 (3): 41-50.

[124] 赵阳升. 多孔介质多场耦合作用及其工程响应 [M]. 北京: 科学出版社, 2010.

[125] 林柏泉, 周世宁. 煤样瓦斯渗透率的试验研究 [J]. 中国矿业学院学报, 1987 (1): 21-28.

[126] 付雪海, 秦勇, 张万红. 高煤级煤基质力学效应与煤储层渗透率耦合关系分析 [J]. 高校地质学报, 2003, 9 (3): 373-377.

[127] 周军平, 鲜学福, 姜永东, 等. 考虑有效应力和煤基质收缩效应的渗透率模型 [J]. 西南石油大学学报, 2009, 31 (1): 4-8.

［128］ 卢平，沈兆武．原煤的有效应力与力学变形破坏特性［J］．中国科学技术大学学报，2001，31（6）：687-693.

［129］ Ghabezloo Siavash, Sulem Jean, Guédon Sylvine, et al. Effective stress law for the permeability of a limestone［J］. International Journal of Rock Mechanics & Mining Sciences, 2009, 46（2）: 297-306.

［130］ 陶云奇，许江，彭守建，等．原煤孔隙率和有效应力影响因素试验研究［J］．岩土力学，2010，31（11）：3417-3422.

［131］ 陶云奇．原煤 THM 耦合模型及煤与瓦斯突出模拟研究［D］．重庆：重庆大学，2009.

［132］ Liu Jishan, Wang Jianguo, Chen Zhongwei, et al. Impact of transition from local swelling to macro swelling on the evolution of coal permeability［J］. International Journal of Coal Geology, 2011, 88（1）: 31-40.

［133］ Wang J G, Liu Jishan, Kabir Akim. Combined effects of directional compaction, non-Darcy flow and anisotropic swelling on coal seam gas extraction［J］. International Journal of Coal Geology, 2013, 109-110: 1-14.

［134］ Siavash Ghabezloo, Jean Sulem, Sylvine Guédon, et al. Effective stress law for the permeability of a limestone［J］. International Journal of Rock Mechanics & Mining Sciences, 2009, 46（2）: 297-306.

［135］ 程明俊．煤渗透性能及煤与瓦斯突出模拟试验研究［D］．重庆：重庆大学，2011.

［136］ 郑玲丽，李闽，钟水清，等．变围压循环下低渗透致密砂岩有效应力方程研究［J］．石油学报，2009，30（4）：588-592.

［137］ Bernabe Y. The effective pressure law for permeability during pore pressure and confining pressure cycling of several crystalline rocks［J］. Journal of Geophysical Research, 1992（B11）: 649-657.